# 食品会社の
# 特許戦略マニュアル

弁理士
森本敏明

幸書房

# 発刊にあたって

前著「食品特許のつくり方　知的財産を技術経営に活かす」(株式会社光琳) の発刊から早5年が経過しました．その間に，食品特許について大きな動きがありました．食品について用途特許が認められたことです．さらに，食品発明ではよく見られるプロダクト・バイ・プロセスクレームについての最高裁判決もありました．食品特許を扱う者にとって，激動の最中にあるといっても過言ではありません．

一方で，前著の執筆動機となった，食品会社が利益を上げ成長していくためには，食品特許は必要不可欠なものである，ということについては，今なお強く確信しています．本書読了後には，読者諸氏におかれても，同じ考えに至るものと信じて疑いません．

本書は，前著の内容を踏襲しつつも，食品特許を扱う実務者にとって関心が高いと思われる事項を追加しています．本書を大きく分けると，次の3つになります．

① 食品特許がいかに利益向上に繋がる魅力的なものであるか．
(第1章・第2章)

② その魅力ある食品特許はどのように取得すればよいのか．
(第3章・第4章)

③ 食品特許を扱う上で，気をつけるべき実務的な事項は何か．
(第5章・第6章)

まずは第1章・第2章を読んで食品特許を取得するモチベーションを獲得し，第3章・第4章を読んで食品特許をとるための発明を創作し，特許出願作業に入るための準備をして，第5章・第6章を読んで，食品特許で気をつけるべき事項や具体的事例を念頭に置いて，日常の業務に携わることが，本書によってなし得ます．

本書は理論や学術的意見を述べるために著者の自己満足として書かれたも

のではありません．読者諸氏に食品特許を取得するという行動を促すために書かれたものです．本書が食品特許の取得を刺激，誘因そして促進できれば幸いです．そして，食品特許により利益を向上させた食品会社を一つでも多く産み出すことを真に願います．

また，本書の出版にあたり，企画から編集までリードしていただいた幸書房の夏野雅博氏，本書の出版を支えてくれたモリモト特許商標事務所／（株）モリモト・アンド・アソシエーツの職員やわが妻と子供たち，そして何よりも本書を手にとっていただいた読者諸氏に，心から感謝の気持ちを述べさせていただきたいと思います．本当にありがとうございました．

平成30年2月吉日

弁理士　森 本 敏 明

# 目　　次

# 第1章　食品業界の現状および食品特許の特性

## 1.1　食品は一過性のブームになりやすく，マネされやすい

食品製造業を営む多くの企業が直面している問題，それは商品である食品そのものに起因する．

まず，食料品や飲料品などの食品は一過性のブームになりやすい，ということである．

消費者に対して高評価を得た食品は，口コミやマスコミなどによって波及的にその評判が広がりやすい．そのような食品は，小売店でも目立つ位置に陳列され，その売上は短期間に急激に伸びる．しかし，評判はそう長くは続かず，ついには店頭に並んでいても「懐かしい」といわれるようになるのである．

次に，食品は模倣（マネ）されやすい，という特徴がある．

食品は基本的に入手が容易であるが，電化製品のように分解すれば直ちに組成や製法がわかるというものではない．しかし，分析機器が高度化するにつれて，外観や風味などから原材料や添加物などが推測しやすくなった．

最近では厳しい品質表示基準が設けられ，原材料名などの表示は原則として義務化されている．食の安全を期す消費者の目は肥えてきており，成分や組成を全面に押し出す場合もあるであろう．

このように知り得た成分や組成を基に，処理方法や条件を工夫することによって，食品はマネされてしまうのである．その結果，競争が激化し，やがては価格競争に陥り“薄利多売”となってしまう．今や食品は，リバースエンジニアリングが可能な商品であるといえよう．

このような食品に起因する問題によって，多くの食品製造業者は悩まされ

ているのである．できれば一過性のブームに終わることなく，商品としてのブランドを築き，末永く商売し続けたい．模倣品を排除して，不毛な価格競争を回避したい．このようなあらゆる食品に共通する問題を克服するためにはどうすればよいのであろうか．その答えが，**「食品特許」**にある．

## 1.2　食品は特許で活きる

食品特許とは，ここでは生鮮食品・加工食品に係わらず，食品（飲食物）全般に係る特許のことをいう．食品特許に触れる前に，特許そのものについて少し説明を加えたい．

特許とは，本来，行政行為をいう．したがって，一般にいわれる特許とは，正確には「特許権」のことを指す．特許権は，設定の登録により発生する（特許法第66条第1項）．その対象は「発明」である．

発明とは，自然法則を利用した技術的思想の創作のうち高度のものをいう（特許法第2条第1項）．“自然法則を利用した”というからには，欧文文字，数字，記号を適当に組み合わせて電報用の暗号を作成する方法など，人為的な取り決めは発明とはいえない[1]．とはいえ，自然法則は広く解されるべきであり，自然科学上「○○の法則」といわれるもの（「ニュートンの運動の法則」など）に限られない．自然界において，経験上，一定の原因によって一定の結果が生ずるとされるもの（経験則）もここでいう自然法則と解されている[2]．

「技術的思想」の技術とは，一定の目的を達成するための具体的手段であって，産業上であると文化上であるとを問わず，実際に利用することができ，知識として伝達可能な客観的なものをいう．「思想」は，観念（idea）または概念（concept）と理解すればよい．したがって，個人の熟練によって到達できる技能に基づくものは，発明とはいえない．

「創作」および「高度」については，実務上，発明が特許庁審査官により

[1] 特許庁「工業所有権法（産業財産権法）逐条解説〔第20版〕」，http://www.jpo.go.jp/shiryou/hourei/kakokai/cikujyoukaisetu.htm

[2] 吉藤幸朔ら「特許法概説〔第13版〕」，有斐閣，2002

審査を受けた際に問題になることなので，これらの説明は割愛する．

発明を理解する際に重要なのは，発明は技術ではなく技術的思想である，ということである．したがって，発明は本来，抽象的なものである．ただし，技術的思想というからには，目的を達成するための手段としての思想であることが必要とされるので，少なくとも将来，技術として成立する可能性—技術的見地からみて確実性が伴う可能性—を有するものでなければならない．

発明は，大別すると「物の発明」と「方法の発明」に分類され，さらに方法の発明は「物を生産する方法の発明」と，それ以外の方法の発明，いわゆる「単純方法の発明」に分類される（特許法第2条第3項）．食品分野でいえば，たとえば，食品に関する発明は「物の発明」，食品を製造する方法に関する発明は「物を生産する方法の発明」，食品を検査する方法に関する発明は「単純方法の発明」にそれぞれ属することになる．

発明は特許を受けることができるが，発明であればすべて特許を受けられるというものではない．特許庁審査官により，産業上利用可能性，新規性，進歩性といった特許要件などの審査に付されなければならない．特許出願された発明が特許要件をクリアしており，特許出願にその他の拒絶理由を発見しないと特許庁審査官に認められると，特許をすべき旨の査定がなされる（特許法第51条）．

特許出願し，無事審査を通過することによって特許を受けることとなった発明は，「特許発明」といわれる（特許法第2条第2項）．そして，特許権者は，原則，業として特許発明の実施をする権利を専有できるのである（特許法第68条）．たとえば，特許権者の許しを得ていない第三者が，販売目的で特許発明に係る食品を生産する行為は，特許権を侵害する行為にあたる．また，食品そのものではなく，食品の生産に用いる製造装置などを生産する行為もまた，特許権を侵害する行為とみなされる場合がある（特許法第101条）．このように，特許権は，産業活動を営む者にとって強力なツール（権利）であるといえよう．

食品に係る発明について特許を受けて，設定の登録により発生した特許権（食品特許）を取得できれば，模倣品を排除しつつ商品をブランド化して，末永く商売し続けることも可能である．すなわち，**食品特許**は食品特有の問題を解決し得るものなのである．

## 1.3　食品特許のメリット・デメリット

食品特許をはじめとした特許権にはデメリットもある．

そもそも，特許権は未来永劫保持できるものではない．特許権の存続期間は，原則，特許出願の日から20年をもって終了する（特許法第67条第1項）．特許権の存続期間が満了した発明については，何人も自由にその発明を実施できるのである．

そして何より重要なのは，特許権は発明公開の代償として得られるということである．すなわち，特許発明は必ず特許公報により世間に公開されるのである（特許法第66条第3項）．また，特許を受けることができなくとも，特許出願した発明は，原則，出願後1年6カ月経つと，やはり特許公報により世間に公開される（特許法第64条第1項）．特許出願に手間や費用がかかる上に，発明内容が公開されることから，特許を取得するには，それなりのリスクがあるといえるであろう．そのため，特許を取得したいけれど発明内容を公開したくない——そんな心理的障壁があって，特許出願に二の足を踏んでいる企業も多いのではないだろうか．

仮に選択肢が特許取得しかないのであれば，迷いが生じるはずはなく，特許取得に専念するであろう．しかし，実際には，特許を出願せずにノウハウとして秘匿するというやり方もある．そして，ノウハウ秘匿は，特許取得に比べて，手間や負担が小さく，発明内容を外に漏らさないようにできるかもしれない．しかし，外に漏れた場合や他社が独自に開発した場合などは，ノウハウとして秘匿した発明を業として独占的に実施することはできなくなる．ノウハウ秘匿にも，特許取得と同じくメリット・デメリットがあるのである．

物事にはなんでも良い面もあれば悪い面もある．特許権もその例外ではない，ということである．とはいえ，結果的に，過剰に特許取得のデメリットに目を向けてしまう，という事実もある．このような傾向は，行動経済学においてしばしば購買者の心理として説明される[3]．それによれば，購買者は，選択肢が1つしかない場合は迷わずにその選択肢を選び，選択肢が2つ以上になるとそれぞれの選択肢のマイナス面を見る傾向にある，という．

したがって，特許取得とノウハウ秘匿について，それらのメリットよりもデメリットに注目するようになり，選択に迷ってしまうのである．

ここで肝要なのは，食品特許のメリットである．繰り返しになるが，特許権は模倣品を排除しつつ，商品をブランド化して末永く商売し続けることを可能にする国家に認められた権利であり，産業界において，非常に強力な権利である．このような食品特許のメリットを決して看過してはならないのである．

それでももし，食品特許の取得に不安を抱くようであれば，次のことを自問してほしい．

「食品特許の取得を考える上で，**食品特許のメリット・デメリットのそれぞれについて，検討に要した時間のバランスは適正か**？」

回答として，食品特許のデメリットについて検討した時間が，そのメリットについて検討した時間を上回るようであれば，次のことを試してほしい．

食品特許のデメリットについて検討する時間と，食品特許のメリットについて検討する時間を別々に設け，さらに前者の検討時間に対して，後者の検討時間を3倍とる．要は，食品特許のメリットに焦点を当てて検討する時間を十分にとる，ということである．間違っても，両者を並列的に検討し，最後は消去法的に選択する，ということは避けていただきたい．

まずは，食品特許について，特許取得に対する不安感を打ち消してほしい．そうすることによって，次章で紹介する，食品特許が営業利益に与える影響を素直に理解していただけるようになるであろう．

[3] マッテオ・モッテルリーニ「経済は感情で動く」，紀伊國屋書店，2008

# 第2章　食品特許と営業利益との関係

## 2.1　特許庁が実施する知的財産活動調査

特許庁は，我が国の知的財産政策を企画立案するにあたっての基礎資料を整備するため，我が国の個人，法人，大学等公的研究機関の知的財産活動の実態を把握することを目的として，平成14年度から毎年「知的財産活動調査」を実施している[4]．年度によって調査の対象者数および抽出方法は異なる．

通常の調査（甲調査）では，調査実施年の2年前の1カ年において特許出願，実用新案登録出願，意匠登録出願，商標登録出願のいずれかが5件以上の出願人を調査対象としている．一方，乙調査では，これに加えて，上記出願のいずれかが5件未満の出願人を対象とした調査を実施している．ここでは，平成25年度の乙調査の結果について参照する．

## 2.2　食品特許は営業利益高に大きく影響する

平成25年度の乙調査結果のうち，「食品製造業」に分類された会社（食品会社）は，表2-1に示すとおり，日本標準産業分類（第13回改訂）でいうところの分類90～106の業種に属する会社である．

食品会社を出願件数ごとに層別し，各階層の営業利益高についてグラフ化したものが図2-1である．横軸は食品会社を1年間の知的財産権（特許＋実用新案＋意匠＋商標）の総出願件数について，5件未満，5件以上10件未満，10件以上50件未満，50件以上100件未満および100件以上の5つに分類した会社階層を表わす．縦軸は，それらの会社階層ごとの営業利益高（平均）を示す．

[4] 特許庁「知的財産活動調査」，https://www.jpo.go.jp/shiryou/toukei/tizai_katsudou_list.htm

**表 2-1** 食品製造業に属する業種

| | | |
|---|---|---|
| 4 食料品製造業 | 90 | 管理，補助的経済活動を行う事業所（食料品製造業） |
| | 91 | 畜産食料品製造業 |
| | 92 | 水産食料品製造業 |
| | 93 | 野菜缶詰・果実缶詰・農産保存食料品製造業 |
| | 94 | 調味料製造業 |
| | 95 | 糖類製造業 |
| | 96 | 精穀・製粉業 |
| | 97 | パン・菓子製造業 |
| | 98 | 動植物油脂製造業 |
| | 99 | その他の食料品製造業 |
| 5 飲料・たばこ・飼料製造業 | 100 | 管理，補助的経済活動を行う事業所（飲料・たばこ・飼料製造業） |
| | 101 | 清涼飲料製造業 |
| | 102 | 酒類製造業 |
| | 103 | 茶・コーヒー製造業（清涼飲料を除く） |
| | 104 | 製氷業 |
| | 105 | たばこ製造業 |
| | 106 | 飼料・有機質肥料製造業 |

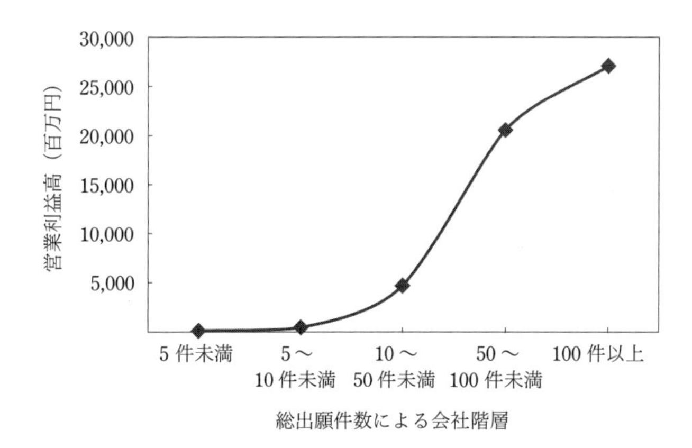


**図 2-1** 総出願件数による会社階層と営業利益高との関係

図 2-1 からは，全体の傾向として，特許や商標などの出願件数が多い会社ほど，営業利益高が大きいことがわかる．換言すれば，営業利益高が大きい食品会社は，特許や商標などの出願を積極的に推進しているといえよう．このような傾向は，同じく乙調査が実施された平成 19 年度および平成 22 年度

の統計データからもみてとれる[5].

一方で，総出願件数が年間50件以上の食品会社数は，全体に占める割合は6%程度であり，標本数がかなり少ない．そこで次に，標本数の多い50件未満の3つの会社階層についてみていく．

図2-2は，総出願件数が5件未満，5件以上10件未満および10件以上50件未満の食品会社について，営業利益高および特許・商標の出願件数（平均）をグラフ化したものである．

図2-2から，5件未満と10件未満の会社階層では，商標の出願件数が多いのに対し，特許の出願件数は少なく，その数も1件未満である．

これらの会社階層に属する食品会社においては，知的財産権として，商標権を積極的に活用しようという姿勢が見られる．しかし，その成果は営業利益高にはそれほど現れていない．つまり，商標の出願件数の増加量に対して，営業利益高の変化量は小さいのである．

したがって，知的財産権の年間の総出願件数が10件未満の食品会社においては，特許ではなく，商標によって営業利益高の向上を目指すのは困難である可能性が高いといえよう．

それに対して，総出願件数が10件以上50件未満の食品会社では，商標の出願件数とともに，特許の出願件数が大幅に増加している．そして，営業利益高もまた大幅な増加がみられる．10件未満の会社階層における特許・商

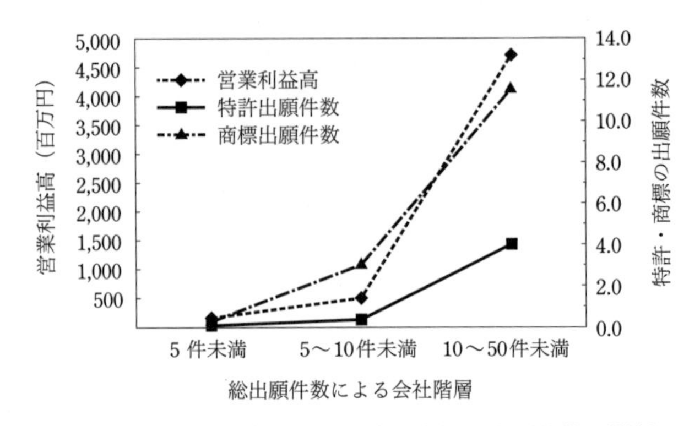


**図2-2** 営業利益高および特許・商標の出願件数の関係

[5] 森本敏明「食品特許のつくり方」，光琳，第1章

標の出願件数と営業利益高との関係を考慮すれば，総出願件数が10件以上50件未満である食品会社の営業利益高が増加した要因としては，商標出願よりもむしろ，特許の出願件数の増加が考えられるであろう．

次いで，図2-3は，3つの会社階層における，特許および商標の出願件数と営業利益高との関係を表わしたものである．

この図からもわかるように，特許の出願件数は，商標のそれと比べて営業利益高に対して高い相関を示しており，営業利益高への影響が大きいことが示されている．

さらに，特許・商標の出願件数を説明変数，営業利益高を目的変数として，それぞれの回帰分析を実施した（データは非掲載）．その結果，特許の出願係数については，決定係数が0.99である下で，1%水準で有意であった．しかし，商標の出願件数については，決定係数が0.97である下で，5%水準で有意ではなかった．

この回帰分析の結果は，総出願件数が50件未満の食品会社が営業利益高を増加させるためには，食品特許の出願件数を増加させるという戦略を1つの選択肢として採るべきであることを示しているといえる．

これまでの結果から考察すると，食品会社にとって，特許の出願件数を増やすことは，利益を向上させる可能性を秘めているといえよう．

特許の出願件数を増やすためには，単独または共同して技術開発を推し進めなければならない．新たな技術を創出するか，または現在の技術を改良す

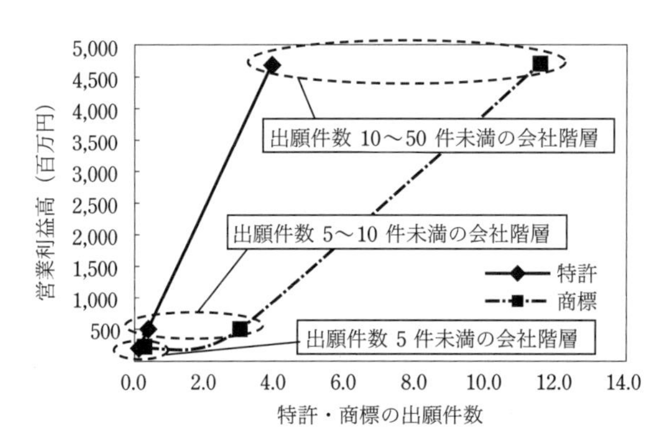


**図2-3** 特許・商標の出願件数と営業利益高との関係

ることによって発明を完成させ，特許出願するのである．利益に結びつくような技術開発をし，生み出された発明について特許出願して，特許を取得する．そして，取得した特許を活用して利益を向上させる．この“技術開発—特許出願・取得—利益向上”のサイクルを安定的かつ迅速に回すことが，「強い」技術経営を確立するために必須となるであろう．もちろん，商標を利用した名称や図形などによるブランド化は，事業戦略において欠かせない手法である．しかし，それにも増して，特許によるブランド化は，事業経営，特に技術経営にはなくてはならない，最重要課題となるものであるといえよう．

## 2.3　特許の食品に対する親和性

これまでの統計データを見て，「利益が上がっているから，特許の出願件数が増えているのではないか」という意見もあると思う．しかし，特許の出願件数と営業利益高との間の高い親和性は，食品特許に特有なものなのである．

図2-4は，食品製造業に加えて，化学系の産業分類である繊維・パルプ・紙製造業，化学工業および石油石炭・プラスチック・ゴム・窯業の会社について，特許の出願件数と営業利益高との関係をまとめたものである．

図2-4をみてみると，たとえば化学工業は特許出願数が増えたからといっ

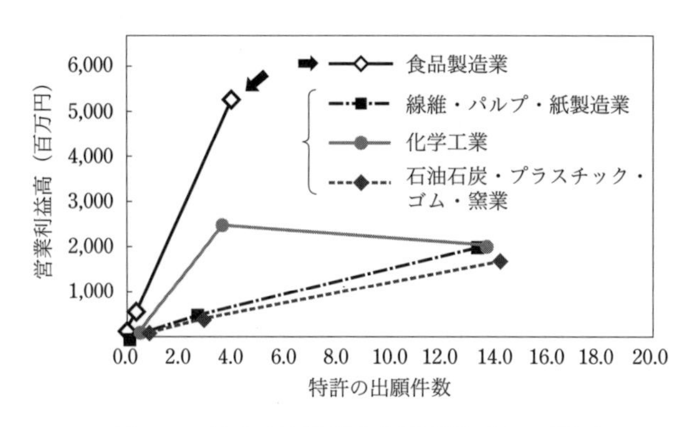


**図2-4**　特許出願件数と営業利益高との関係

て，営業利益高は増えていない．繊維・パルプ・紙製造業，および石油石炭・プラスチック・ゴム・窯業では，特許の出願件数と営業利益高との間において一応は相関がみられるものの，その傾きは非常に小さく，一方が増えれば他方も増えるという，関係性は希薄であるように思われる．

それに対して，直線の傾きの大きさから，食品製造業における特許の出願件数と営業利益高との関係性は，格段に大きいことがわかる．これは，特許に関していえば，出願1件が与える利益高への影響は，食品会社が他業種の会社を凌駕していることを示す．すなわち，食品と特許との親和性は大きく，食品会社が利益を上げるためには食品特許は有効である，という結論が導かれる．

## 2.4　特許が企業価値に与える影響

食品特許に限らず，特許全般の企業価値への影響について調査・分析した例がある．その中に，スタートアップ企業について，初期時点の売上高をコントロールしても，特許取得やその早期化によって，付加価値（売上高－売上原価）や，売上高が伸びるという結果が得られたという報告がある[6]．しかもその報告によれば，特許保有年数が長くなるにつれ，特許保有企業と特許非保有企業との間の差は大きくなる．規模が小さいスタートアップ企業では，特許を新たに保有することでパフォーマンスが向上し，その効果は即時的に現れる可能性があるというのである．

中小企業については，特許保有件数および自社実施件数は企業のパフォーマンスにプラスの影響を与えるのに対し，営業秘密化はパフォーマンスにマイナスに作用している可能性を示すという結果が得られている．営業秘密では発明の専有可能性を高められないのである．

大企業に焦点をあてた場合，企業の特許保有と企業価値との関係では，自社実施件数は企業価値にプラスの影響を与えるが，防衛特許件数については有意な影響はみられないという結果が得られている．

---

[6] 一般財団法人知的財産研究所，「平成２７年度 我が国の知的財産制度が経済に果たす役割に関る調査報告書」

以上の報告からいえることは，企業の設立年数や規模に関係なく，自社が実施する特許を保有することは，企業の売上高や営業利益といったパフォーマンスを向上させることに影響を与えるということである．

また，発明の特許化およびノウハウの秘匿化について，両者が企業活動に与える影響についても調べられている．たとえば，特許の保有件数が多い企業ほど新製品の投入件数が多い傾向にあるという報告がある[7]．このことから，新製品の投入件数を増加させるには，特許の保有量を増やし，技術内容を公開することで，技術機会（研究開発がイノベーションに結びつく機会）や顧客からのフィードバックを増やすことが有効であると思われる．また，ノウハウを秘匿したからといって，特許を取得して発明を公開する場合に比べて，新製品を投入してからの利益期間が延びるかというと，そういうわけでもないようである．

また，ノウハウ秘匿は企業の持続的競争優位性や収益性につながっているといった証拠を見出すことはできないという報告がある[8]．その一方で，発明の特許化が企業の持続的競争優位性や収益性につながっているといった結果が見出されている．この報告は，日本のデータを基になされているが，ここで検証された傾向はドイツでなされた「商業化段階に至っている新製品の売上高に対して，秘匿化よりも特許化の方が統計的に正に有意に効く」という分析結果と整合している．

以上のことを考慮すれば，食品特許を取得および利用して新製品の投入を促し，売上と利益を拡大させることが食品会社にとって有効である，といえるであろう．

## 2.5　日本の市場と海外の市場

ここまで日本の（食品）特許の有効性についてみてきた．ここからは，海外市場への参入を見据えた外国特許について考えてみる．

---

[7] 文部科学省，「ノウハウ・営業秘密が企業のイノベーション成果に与える影響」

[8] 一般財団法人知的財産研究所，「平成21年度我が国の持続的な経済成長にむけた企業等の出願行動等に関する調査報告書」

「日本で特許を取得することも敷居が高いのに，海外諸国で特許を取得するなんてとても考えられない」—外国特許を持ち出した途端，このような反応を示す経営者や知財担当者は多い．

確かに，費用や労力を考えると，欧米など諸外国の特許を取得することには相当の覚悟が必要である．しかし，グローバル化の現在，外国特許を考えずに特許戦略を構築しようとするのは難しいように思う．むしろ国内特許だけでは，発明の価値は半減するであろう．国内外で特許を取得してこそ，発明は生きる．この点について，統計データを参照しながらみていこう．

その国の市場規模は，概ね GDP（国内総生産）によって推測することができる．表 2-2 は，世界上位 10 カ国の GDP を表したものである[9]．日本は GDP では世界第 3 位の地位にあり，世界経済を俯瞰すれば，日本は紛れもなく経済大国である．とはいえ，上位 10 カ国に限っても，日本の GDP が占める割合は 8.9%程度である．日本が経済大国であるのは疑いようのない事実ではあるけれども，その市場規模は他国を凌駕するようなものではないといえよう．

問題なのは，日本がこの先も現有の市場を維持できるのか否か，ということである．日本の出生率は依然として低い水準にあることから，日本の人口は今後も減少傾向を続けることになろう．人口が小さくなれば，それだけ商品やサービスを生み出す資源が減少するのであるから，GDP は次第に小さくなっていくという推測が成り立つ．

実際に，日本の総人口と GDP とにおける相関関係をみたグラフが図 2-5 である．図が示すとおり，GDP と人口との間には相関関係があるとみてよいであろう．そして，2015 年には人口が減り，それに伴い GDP が減少しているのである．低い出生率を考えると，

**表 2-2**　世界上位 10 カ国の GDP（＄1＝￥110 換算）
（単位，兆円）

| | | |
|---|---|---|
| 1 | アメリカ | 1,984 |
| 2 | 中国 | 1,217 |
| 3 | 日本 | 482 |
| 4 | ドイツ | 370 |
| 5 | イギリス | 315 |
| 6 | フランス | 266 |
| 7 | インド | 230 |
| 8 | イタリア | 200 |
| 9 | ブラジル | 198 |
| 10 | カナダ | 171 |
| 上位 10 カ国の合計 | | 5,433 |
| 日本の占める割合 | | 8.9% |

[9] THE WORLD BANK, http://www.worldbank.org/

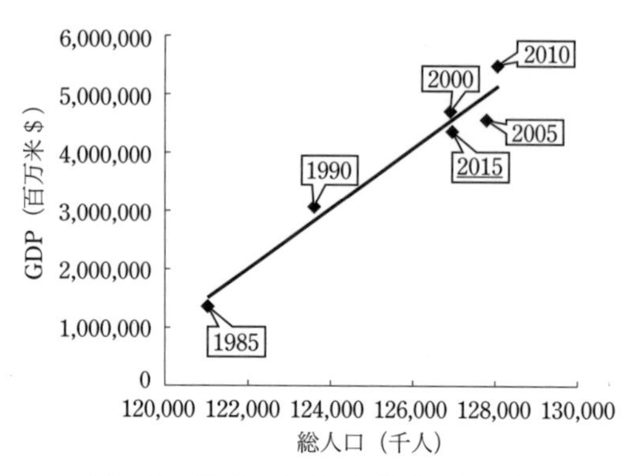


**図 2-5** 日本の GDP と総人口との関係

労働力人口（満 15 歳以上の人口のうち，就業者と完全失業者の合計）は確実に減少していく．結果として，日本の市場の縮小は避けられないであろう．となると，企業経営に際して，これから先もずっと日本市場のみに頼るのは，大きなリスクがあるといえよう．

日本の市場の先行きに不安があるのであれば，必然的に海外市場への参入を検討しなければならない．その上で欠かせないのが，外国特許の取得である．日本で取得した特許権は日本国内でしか効力がない．同じように，諸外国で取得した特許権は，その国でしか効力がないのである．これを「属地主義」という．したがって，日本における市場と同じように，外国の市場において独占的利益を得たいと思うのであれば，外国特許の取得を目指すべきである．

海外進出の方策として一般的なのは，現地に支店や営業所を置くことであろう．しかし，この方策では，商品やサービスが売れようと売れなかろうと，駐在員などに対する諸経費は定常的に発生する．また，有能な駐在員を確保することは至難の業であろう．

そこで代替策として，商品等の販売について，現地会社とパートナー契約を結ぶという方策がある．現地パートナー会社と良好な関係を築いて，海外での売上を確保するのである．この方策では，商品等の販売力に定評のある現地有名企業とパートナー契約を結ぶことが重要となる．ただし，現地の有名企業に振り向いてもらうためには，商品等の品質や日本国内での評判があるだけでは十分ではない．現地で外国特許を取得しているか否かが肝要なのである．

外国特許があれば，現地パートナー会社は安心して商品等を継続して販売することができるし，契約を締結するにあたっても，特許権に基づく実施権料（ライセンス料）を支払うというようにすれば簡潔でよい．

したがって，海外への進出に際しては，現地で取得した外国特許に基づいて現地有名企業との間でライセンス契約を結ぶことからはじまり，次いで現地での商品・サービスの販売を開始する．そして，売れ行き次第では，現地での自社販売に切り替えることによって利益の最大化を試みるという流れが，1つの海外進出ビジネスモデルになるであろう．

また，外国特許を有することにより，市場独占期間が一定期間保たれることも着目に値する．すなわち，上記のビジネスモデルのように段階を追って市場を開拓する場合は，市場を独占できる期間が長ければ長いほどよいのである．WTO 加盟国において，特許権の存続期間は，TRIPS 協定により，特許出願日から少なくとも 20 年間と定められている．20 年という期間は利益を上げるのには十分な長さではないかもしれないが，それでも現地パートナー会社の選定から現地での商品等の販売を開始するまでの期間としては，短くない期間であろう．

## 2.6 利益につながる外国特許のインパクト

海外市場を開拓する際には，外国特許の取得が肝要である．では，実際，外国特許を保有している企業は利益を上げることができているのであろうか？

図 2-6 は，特許を保有する中小企業と，特許を保有しない中小企業との間における，従業員 1 人あたりの営業利益（以下，単位営業利益という）をみたグラフである[10]．特に，破線で囲んだ枠内の右 2 つの棒グラフの比較から，特許を全く保有していない企業に比べて国内特許のみを保有する企業は単位

---

[10] 中小企業庁「中小企業白書　2009 年版」，p.109

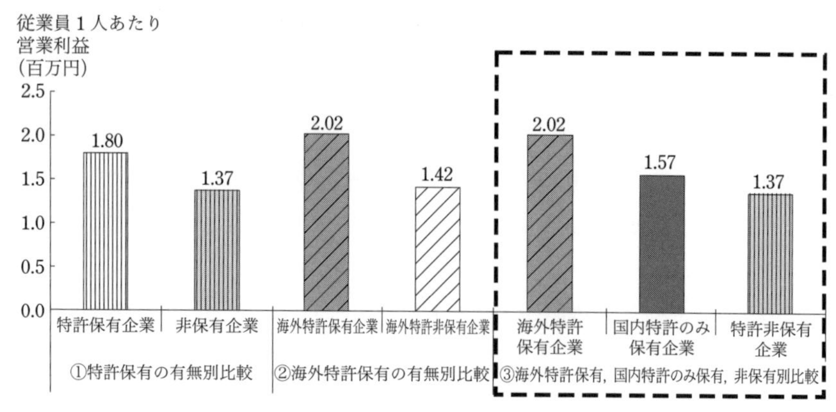


**図 2-6** 従業員1人あたりの営業利益の関係

営業利益が大きいことがわかる．さらに枠内左2つの棒グラフの比較から，国内特許のみを保有する企業に比べて，海外特許（外国特許）を保有する企業の方が単位営業利益が大きいことがわかる．このことから，従業員1人あたりの営業利益を高めたければ，外国特許の取得を考えるべきである．そして，当然，単に外国特許を取得するのではなく，外国特許を活かしたグローバル展開を指向すべきであろう．

次に，産業別に外国特許出願の経験数をみたものが図2-7である[11]．図の縦軸は，「外国特許出願（国際特許出願を含む）を行った企業数 / 国内海外を問わず特許出願を行った企業数」を表す．この図から，食品工業の外国出願を経験した企業数の割合は，産業全体に比べて，大企業・中小企業ともに下回っていることが見てとれよう．特に，大企業と中小企業との間において，大きな差異がある．

とはいっても，外国で発明を実施する可能性がない企業ばかりなのであれば，図のデータは首肯できるものである．すなわち，食品工業が属する企業が有する特許は，防衛目的等で有するものであり，そもそも実施を企図して取得されたものではないかもしれない．そもそも発明を実施することを企図していないのであれば，外国出願をするという選択をしないであろう．

[11] 中小企業庁「中小企業白書　2009年版」，p.105

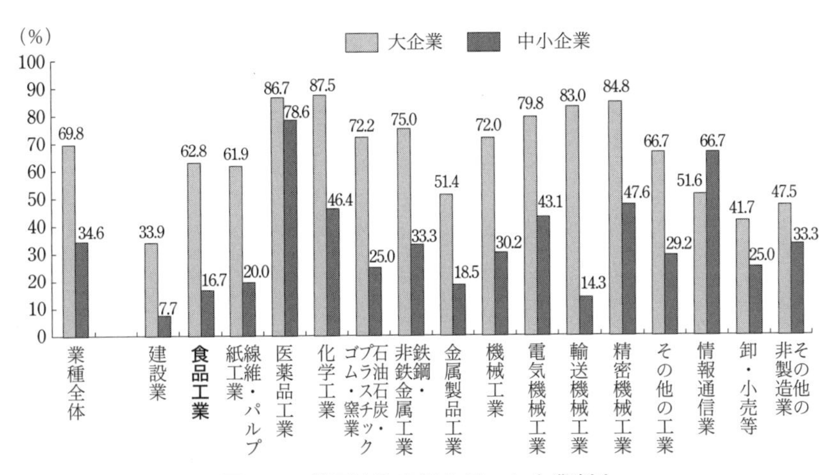


**図 2-7**　外国特許出願を行った企業割合

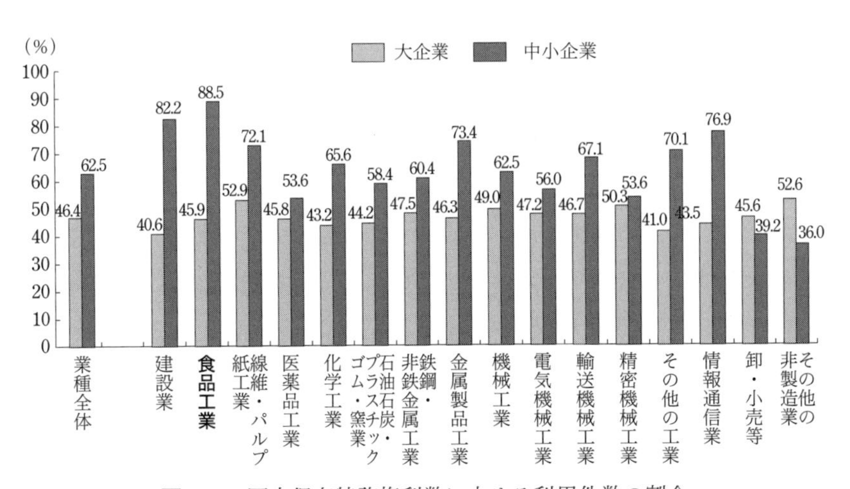


**図 2-8**　国内保有特許権利数に占める利用件数の割合

次に，図 2-8 は，保有する国内特許のうち現に利用しているものの割合を産業別に示したものである [12].

この図から，特に食品工業の中小企業では，国内保有特許に占める利用件

[12] 中小企業庁「中小企業白書　2009 年版」，p.10

数の割合が非常に高いことがわかる．

以上のことから，食品工業に属する中小企業は，実施する発明について，国内特許を保有しつつも外国特許を取得しようとは思っていない傾向にあり，特許権の効力を日本国内の市場においてのみ活かそうとしているといえよう．

それに対して，たとえば医薬品工業に属する企業は，発明について国内特許を有するだけではなく，外国特許をも取得している．しかし，特許出願した発明を必ずしも実施するというわけではない．食品工業に属する企業からすれば，実施しない発明について外国特許を取得することは，効率が悪いようにも見える．

しかし，実際には食品工業に属する企業と，医薬品工業に属する企業との差異は，創作した発明について，グローバル展開を考えているか否かの違いにあるのだと筆者は考える．すなわち，食品工業に属する企業は国内市場での優位性を保つために特許権を取得し活用する．対象は国内市場であるのだから，外国特許の取得は考慮に入れていない．それに対して，医薬品工業に属する企業の場合は，創作した発明について，国内外での特許権の取得・活用を考えている．対象となる市場は日本，そして海外なのである．ただし，医薬品の場合は法規制等にも左右され，外国はおろか，日本国内でも商品を市場に送り出せない場合がある．それでも、市場は全世界なのであるから，国内特許に加えて外国特許を取得するのである．

以上のように推測できるわけではあるが，海外市場への参入の有無については，商品の性質が関係していることも確かなことである．すなわち，食品は嗜好品という一面もあることから，地域差・個人差が大きい商品であると考えられる．それに対して，医薬品は，このような差異が小さい商品だといえる．

しかし，優れた医薬品には国境がないのと同じように，優れた食品にも国境は存在しないとはいえないだろうか．日本の食品売場を見ると，海外からの輸入食品を販売していない棚を探すのは難しいくらいである．

当然，あらゆる商品について外国特許を取得することは効率的ではない．しかし主力商品については，国内特許に加えて外国特許を取得し，それを基にグローバル展開を志して海外市場へ参入することは，一考の余地があろう．

## 2.7　競合他社は外国出願している

食品特許について，実際，どのような国に出願されているのであろうか．PCT（Patent Cooperation Treaty：特許協力条約）に基づく国際出願ルートで日本に国内移行した食品分野の特許出願（出願人住所：日本国，国際公開日：2000年以降）のパテントファミリーを調べ，国別の割合をランキング形式で表わしたものが表2-3である．表からは，50%以上が中国およびアメリカに出願していることがわかる．また，ヨーロッパへの出願数も多く，続いて韓国，台湾，オーストラリア，カナダ，香港，シンガポールとなっている．

中国への出願数がアメリカやヨーロッパよりも多いというのは，食品特許出願に特徴的であるかもしれない．他の分野では，アメリカやヨーロッパの方が中国よりも上位にくる傾向にある．ブラジル，メキシコ，ロシアの出願数が少ないのも食品特許出願に特徴的であろう．日本の近隣諸国，とりわけ国民の嗜好性が似ており，日本の食品が受け入れられる土壌，それゆえ模倣品が製造販売される可能性があるような国へ出願されていることがわかる．

市場規模を考えれば中国・アメリカ・ヨーロッパということになるが，嗜好性や侵害可能性に重点をおくのであれば，中国・韓国・台湾での権利化を目指すという戦略もあり得るであろう．

**表2-3**　食品特許出願に係る上位20番内のパテントファミリー国

| 順位 | 国名 | 割合(%) | 順位 | 国名 | 割合(%) |
|---|---|---|---|---|---|
| 1 | 中国 | 57.4 | 11 | ブラジル | 5.4 |
| 2 | アメリカ | 50.8 | 12 | ドイツ | 5.3 |
| 3 | ヨーロッパ | 39.5 | 13 | スペイン | 5.2 |
| 4 | 韓国 | 28.4 | 14 | ニュージーランド | 5.1 |
| 5 | 台湾 | 25.9 | 15 | オーストリア | 4.8 |
| 6 | オーストラリア | 20.9 | 16 | ロシア | 4.8 |
| 7 | カナダ | 17.7 | 17 | マレーシア | 2.8 |
| 8 | 香港 | 12.6 | 18 | デンマーク | 2.5 |
| 9 | シンガポール | 10.2 | 19 | フィリピン | 2.0 |
| 10 | メキシコ | 6.2 | 20 | インド | 1.5 |

# 第3章　食品特許の手がかり

## 3.1　価値ある特許とは

「価値ある特許」について触れる前に，まず「権利」について考えてみたい．

権利は，相手との関係においてはじめて意味をなしてくる．たとえば，保有者のいない無人島に1人でいて，果実を実らせた1本の木について権利（所有権）を主張する．この行為について，果たして意味があるのであろうか．その木が生命を維持するためにいかに重要なものであろうとも，その木を処分することに異見を唱える者は誰もいない．したがって，木を処分するという行為は，権利の主張の有無に関係なく，無人島にいる唯一人の者に委ねられることになる．しかし，無人島に2人以上の人間がいるのであれば，話は変わってくる．木を処分する権原は，島にいる者すべてにあるとも，そうではないともいえる．このような場合，権利（所有権）の有無が問題となってくる．争いが生じる可能性もある．

無人島とは違い，国内外の市場は原則として，誰にでも参入できるように形成されている．したがって，市場において独占的利益を得たいと思うのであれば，相手に対して，特許権という独占排他的権利を有することを示すことが重要となる．

とはいえ，魅力のない市場であれば，誰も参入しようとは思わない．そのような市場は無人島と化すのである．無人島にいくら木を植えても，徒労に終わる可能性が高い．そこで，大切なのは，得ようと思う特許権が，誰もが参入したいと思う市場に関するものなのか，はたまた無人島の木となるものなのか，ということである．

自社で製造販売する食品に係る特許権は当然，重要である．また，自社で製造販売する食品に類似した食品を他社に製造販売させないための特許権もまた価値がある．さらに一歩進めば，他社が製造販売する食品を改良した食品に係る特許権を取得することにも意義がある．先手を打って，他社の改良食品の製造販売を妨げるのである．ここで重要なのは，他社が見向きもしない特許権よりも，他社が悔しがるような特許権を取得することである．

ビジネスの鉄則からいえば，自社は自由に食品を製造販売しつつ，他社の食品の製造販売を妨げることが肝要である．これを効果的に行えるのが，特許権の魅力なのである．そうすると，価値ある食品特許とは，自社の食品の製造販売を確保しつつ，他社が製造販売しようと思う食品の製造販売を妨げられるような特許権である．では，そのような特許権とは一体どのようなものであろうか．

1つは，すでに他社が製造販売している食品を改良した食品に係る特許権である．他社の食品の課題を見つけたり，他社の食品特許の不備をついたりするなどして，新たな発明を創作して食品特許を取得しようとする方法である．

もう1つは，他社が公知技術であると思っているが，実際には文献等に開示がない技術を使用した食品特許である．たとえば，自社が製造販売したのを契機として，公知技術に基づくと思われる食品であるからと他社も製造販売しようとする．しかし，実際には，公知技術とはいえない技術を用いた食品であるから，他社は製造販売ができないのである．また，他社がすでにそのような食品を製造販売していたかもしれない．そうであれば先使用権が認められるはずであるが，先使用権を主張するためには証拠を揃えなければならず，時間と手間がかかる．他社にとっては厄介な特許であることに変わりはない．

上記のような食品特許の取得を試みる場合は，他社食品の評価，他社食品に関係する特許権および特許出願，自社技術の棚卸しが必要である．特に，自社技術の棚卸しにおいては，自社技術を公知技術と決めつけるのではなく，自社技術が公開されている事実を探ることが重要である．もちろん，他社の出方をうかがうばかりに，自社の製造販売する食品から離れるような食品特許は本末転倒であり，あってはいけないが，他社の邪魔にならないような食品特許というのも問題がある．

自社実施の一歩先を行く食品特許の取得を試みてほしい．

## 3.2 課題なくして発明なし

西洋のことわざで，“Necessity is the mother of invention.” というのがある．直訳すると「必要は発明の母」となり，困難な状況（課題）こそ創意工夫に満ちた解決策（発明）を想起させるというものである．換言すれば，“発明は課題に基づいて創出される”のである．

個人がした有名な発明として，「洗濯機の糸屑除去装置」がある．これは，洗濯機の壁面などに取り付けて，洗濯中に衣類から生じる糸屑をすくって除去する網（ネット）に関する発明である．これまでに販売された多くの洗濯機に取り付けられてきた．

当時主婦であった発明者（権利者）は，本発明により巨額のライセンス料を手にしたといわれ，その額は約3億円という規模である[13]．“特許で一攫千金”を地でいく発明といえるであろう．

では，この発明者は，本発明の課題をどのように捉えて最終的に発明に至ったのであろうか．本発明の課題について，特公昭47-24828号公報によれば，次の記載がある．

> 「洗濯をする場合，初めに白いものを洗い，順次色ものを同じ洗濯水で洗うのが通例であり，時によっては白いもの，色ものを同時に洗うことさえある．こうした場合，生地から落ちた糸屑，綿ごみが，他の生地に付着して洗濯の仕上がりを悪くしたり，すすぎにも苦労をした．また排水口から排水管に流れこんだ糸屑が溜まって，管の途中につまり，排水を不能にさえすることがあった．しかも素人，特に女性には機械の点検修理が無理で誠に困惑していた．本発明は，これらの不便，困惑を除くために，洗濯機の水流を利用して洗濯しながら自動的に糸屑を除去する方法を考えたものである．」

上記から本発明の課題は，白色系衣類と着色系衣類とを順次，または同時に同一の洗濯水で洗う場合，

①それぞれの衣類から落ちた糸屑や綿ごみが，これらの衣類に相互に付着して洗濯の仕上がりを悪くし，さらにすすぎが困難となること

---

[13] 社団法人発明学会ホームページ，http://www.hatsumei.or.jp/idea/hit.html

②排水口から排水管に流れこんだ糸屑が溜まって，管の途中につまり，
排水を不能にすることがあること

である．

なお，特許公報には「素人，特に女性には機械の点検修理が無理で誠に困惑していた.」との記載があるが，これは洗濯中に生じる糸くずと直接的な因果関係はない．むしろこれは，②の課題を解決することにより得られる効果に関連するといえよう．

さて，“Necessity is the mother of invention.”のごとく，課題を認識することにより，発明がなされる「場」を理解でき，発明する「必要」を感じ取れるようになる．そこで，本発明の課題の詳細について，今しばらく検討してみよう．課題を深く掘り下げるほど，発明の本質やバリエーションが見えてくるからである．例えるなら，課題という土壌を耕すほど，発明の種を立派な実へと結実できるのである．

①および②の課題を詳細に検討すると，キーワードとして挙げられるのは「糸屑」である．そして，この糸屑がどうなることによって，発明者が不便を感じたかといえば，それは糸屑が洗濯中に発生したことによる．したがって，「洗濯中の糸屑の発生」により，①と②の課題が誘因されたのである．この「洗濯中の糸屑の発生」という課題は，①，②の課題の上位にある課題であるといえる．

では，「洗濯中の糸屑の発生」という課題を解決する手段としてはどのようなものが考えられるであろうか？

発明者がしたような糸屑を除去する手段しかないというのは，発想が貧困である．

たとえば，時系列を意識してみてほしい．洗濯中の糸屑の発生前・発生中・発生後について検討するのである．そうすると，各段階において用いられるべき手段が異なってくることがイメージできるのではないだろうか．具体的には，洗濯中の糸屑の“発生前”に着眼すれば，洗濯中に糸屑が発生しないような「衣類」を解決手段として提供することができるかもしれない．また，洗濯中の糸屑の“発生中”に着眼すれば，糸屑が衣類に付着すること

を妨げる作用や，糸屑が互いに凝集することを妨げる作用を有する「添加剤」を解決手段として提供し得る．このように，「洗濯中の糸屑の発生」という課題について時系列別にみると，それぞれの時系列にそった複数の手段(発明）がなされる可能性があることがわかる．

ここで改めて「洗濯機の糸屑除去装置」に係る発明について見てみると，本発明は洗濯中の糸屑の“発生後”に生じる課題に対して適用されるものであることがわかる．本発明の発明者は，洗濯中に現に発生した糸屑について着目し，この糸屑によってもたらされる不便を特定の課題として取り上げているのである．

図3-1は，特公昭47-24828号公報を参照して，ここまでの「洗濯機の糸屑除去装置」に係る発明の課題の議論についてまとめたものである．図3-1に示すとおり，本発明は①および②の特定の課題を解決するものであるが，「洗濯中の糸屑の発生」との上位の課題について認識し，「洗濯中の糸屑の発生前」および「洗濯中の糸屑の発生中」における特定の課題を見出すことができれば，本発明とは別の発明をなす可能性や，本発明のバリエーションを増やす可能性があったことがわかる．

本発明に係る製品が爆発的に売れ，権利者の下に億を超すライセンス料が集まった理由としては，様々な要因が考えられる．その1つに，本発明の構造の単純性が挙げられる．図3-2を参照して本発明を文言で表すと，特許請求の範囲に記載されているとおり，「弾性リング1の周囲に網袋3の袋口を取りつけて成る糸屑除去網を，洗濯槽内壁面と除去網口の間に隙間ができる

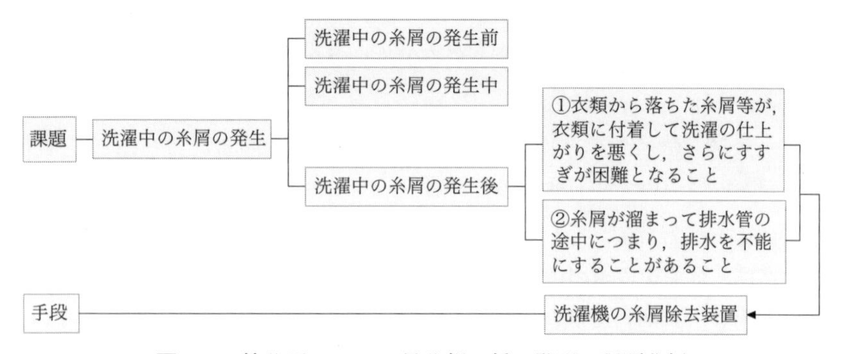


**図3-1**　特公昭47-24828号公報に係る発明の課題分析

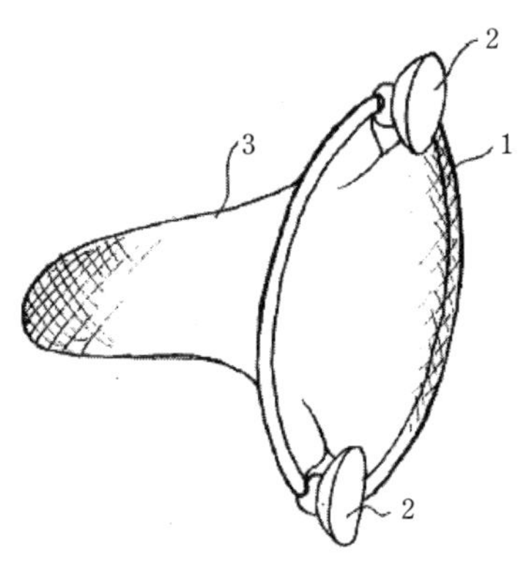


**図 3-2**　特公昭 47-24828 号公報に記載の第 1 図

ように吸盤 2 等で着脱自在に内壁に伏せて装着した洗濯機の糸屑除去装置」となる．

上記文言や図 3-2 から，本発明の構造がいかに単純で無駄がないかがわかる．では，なぜ発明者は，このような構造の発明をなし得たのであろうか？　筆者の見解として，本発明が最終的にこのような構造を採用するに至ったのは，前述した①および②の課題に要因がある．つまり，洗濯中の糸屑の発生後に生じる特定の課題を解決するためのものとして，本発明は糸屑を除去するための構成を採っているのである．確かに，本発明を利用すれば，洗濯中に発生した糸屑の大半が除去されるであろう．しかし，それが 100％ではないことは想像に難くない．糸屑を完全に除去するためには，さらに補助的な器具や詳細な取付け個数・箇所などを付け加えなければならないであろう．

では，本発明の糸屑の除去率はどの程度なのであろうか？　その答えは，①および②の課題の中にある．すなわち，①の課題に対して，“現状よりすすぎが容易になる程度の糸屑の除去率”であり，かつ，②の課題に対して，“配水管がつまらない程度の糸屑の除去率”なのである．発明者は①および②の課題に鑑み，これらの課題を解決し得る糸屑の除去率を想定し，かつその限りにおいて，図 3-2 のような「洗濯機の糸屑除去装置」に関する発明を最終的に完成させたのである．もちろん，本発明は図 3-2 に拘泥されるものではなく，特許請求の範囲の記載や①および②の課題を解決し得る範囲内で，その技術的範囲は認められよう．

このように課題が具体的であると，その解決手段である発明もまた複雑な構成を採らず，単純明快になる可能性が高い．洗濯中の糸屑の発生後に生じる①および②の課題は非常に具体的でわかりやすく，その解決手段である図 3-2 で表される洗濯機の糸屑除去装置もまた，専門家でなくとも理解しやすいものである．

「わかりやすい」，「理解しやすい」というのは，様々な場面で良い結果を招く．「理解しなければならない」という心理的障壁が取り除かれるメリットは大きいのである．課題が具体的であり，発明の構成が単純であればあるほど，第三者はその発明のメリット・デメリットを瞬時に理解し得る．この「第三者」には，ユーザー，社内の知財担当者，競合他社の研究開発者だけでなく，特許庁審査官・審判官，裁判官なども含まれる．そして，デメリットよりもメリットの方が大きいと判断できれば，発明の価値を認め，利潤を生み出す源泉になると理解できる．「洗濯機の糸屑除去装置」に係る発明は，まさにその好例といえよう．

より良い発明をなすためには，その発明の課題について詳細に分析し，できるだけ具体的に特定することが好ましい．

## 3.3　侵害対策・特許審査対策としての課題の具体化

発明の構成について検討することは必要不可欠である．ただ，発明の構成にばかり目がいくあまり，課題の追求を怠っている例が多いように見受けられる．それは公開されている特許公報をみれば明らかであり，むしろ課題を具体的に特定しているものは少ないといえよう．

たとえば，ある抽象的な課題があり，その課題を解決する手段（発明）を得たとすると，この段階で特許出願に踏み切る可能性が高いのではないだろうか．しかし，これでは不十分なのである．抽象的な課題に対する解決手段を得た後，さらにこの解決手段によって解決されるべき具体的な課題は何かを検討するのが望ましい．そうすることにより，解決手段として必要不可欠な要素が浮かび上がってきて，発明の構成要件が少なくなり，さらには様々な発明のバリエーションが考えられる可能性がある．

もちろん，我が国が採用している先願主義（最先に特許出願をした発明に対して特許権が付与される制度）の下では，一早く特許出願することが望まれる．しかし，課題を抽象的なものから具体的なものへと導き出し，発明を無駄のない必須の構成のものへと昇華させることは，特許権者として特許侵害訴訟に勝利するために有効な方策である．必須の構成要件（発明特定事項）からなる特許発明は，その技術的範囲が広く簡明であることから，侵害品の抑止効果が高いものとなる．また，特許発明の課題が具体的に特定されているのであれば，一見すると構成が不明な商品が世に出たとしても，その商品が特許発明と同じ課題を解決するものであれば，特許侵害被疑品として監視すべきものであると判断できよう．この点において，特許発明の課題が抽象的だと，監視すべき被疑品の数が増え，コストおよび労力が増大することになるので，侵害品対策としても，発明の課題の具体化は大いに有用なのである．

また，課題を具体化しておくことは，特許審査に有利な場合がある．

特許出願に係る発明（本願発明）の進歩性を否定する論理の構築に際して，本願発明の課題と引用発明の課題とが共通する場合，または2つ以上の引用発明の課題が互いに共通する場合は，当業者が引用発明を適用したり結び付けて本願発明を導き得たとする有力な根拠となる[14]．抽象的な課題ほど発明間を結びつける可能性が高まる，ということは，想像に難くないのではないだろうか．したがって，課題の具体化は，特許審査においても有用である．

さらに，発明の課題の重要性は，裁判所においても認識されている．これは知的財産権を扱う知的財産高等裁判所による次の判示からも読み取れる[15]．

> 「特許法29条2項が定める要件の充足性，すなわち，当業者が，先行技術に基づいて出願に係る発明を容易に想到することができたか否かは，先行技術から出発して，出願に係る発明の先行技術に対する特徴点（先行技術と相違する構成）に到達することが容易であったか否かを基準として判断される．ところで，出願に係る発明の特徴点（先行技術と相違する構成）は，当該発明が目的とした課題を解決するためのものであるから，容易想到性の有無を客観的に判断するためには，当該発明の特徴点を的確に把握すること，すなわち，当該発明が目的とする課題を的確に把握することが必要不可欠である．そして，容易想到性の判断の過程においては，事後分析的かつ非論理的

[14] 特許庁「特許・実用新案　審査基準」，第II部，第2章　2.5（2）②

[15] 知財高裁，平成21年1月28日（平成20年（行ケ）第10096号）

> 思考は排除されなければならないが，そのためには，当該発明が目的とする「課題」の把握に当たって，その中に無意識的に「解決手段」ないし「解決結果」の要素が入り込むことがないよう留意することが必要となる．
> さらに，当該発明が容易想到であると判断するためには，先行技術の内容の検討に当たっても，当該発明の特徴点に到達できる試みをしたであろうという推測が成り立つのみでは十分ではなく，当該発明の特徴点に到達するためにしたはずであるという示唆等が存在することが必要であるというべきであるのは当然である．」（下線は追記）

上記の判示は示唆に富んだものである．すなわち，発明を把握するには，その発明が目的とする課題を的確に把握することが必要不可欠であり，その際には「課題」を重点的に把握することに努めなければならず，発明というフィルターを通して課題を把握すべきはでない旨が述べられている．

そして，特に重要と思われるのが，「当該発明の特徴点に到達するためにしたはずであるという示唆等が存在することが必要」との説示であり，これは引用発明を適用したり結び付けて本願発明を導き出すためには，それ相応の「具体的な事情」が必要だというものである．この「具体的な事情」としては，本願発明の課題も挙げられよう．本願発明の課題が具体的に特定されているほど，通常，先行技術の内容においてその存在を証明するのは困難になる．よって，課題の具体性は，本願発明の進歩性を肯定する一助となり得るのである．

以上，「良い発明は良い課題の上に成り立つ」ということを解説した．“良い課題”とは，具体的に特定された課題のことである．そして，良い課題であればあるほど，発明の構成は簡潔かつ簡明になり，様々なバリエーションが考えられるようになる．したがって，発明の技術的範囲を広くしたいのであれば，課題を具体化することが推奨される．筆者が発明相談を受ける際には，発明の「構成」の議論と同じか，それ以上の時間をかけて発明の「課題」や「効果」について議論する．弁理士との発明相談においては，これらの議論を行き来しながら進めるのが望ましいであろう．

## 3.4 発明のつくり方の原理

「特許を取ってみたい」という気持ちが湧いてきても，特許を目指すべき発明がなければ，そもそも特許出願自体ができない．そこで，発明とは何か，発明はどうやってつくり出すものなのであろうか．

発明とは，自然法則を利用した技術的思想の創作のうち高度のものをいう（特許法第2条第1項）．ここで，“思想”とは，観念（アイデア）または概念（コンセプト）と理解すればよい[16]．したがって，発明は，技術的思想―技術的なアイデア―に基づくものと理解できる．視点を変えると，技術的なアイデアを含む，アイデア全般をつくり出す方法を知れば，発明の創出を効率的にすすめることができる．技術的なアイデアを洗練することにより，そのアイデアを発明へと昇華できる可能性があるからである．そこで，「発明のつくり方」の第一歩として，アイデアはどのようにつくられるのかについて解説する．

“発明する方法”を紹介した書籍は数多くある．しかし，その比にならないほど，アイデアの着想を主題として書かれた書籍の数は膨大である．その中でも，アイデアのつくり方を解説した書籍としてぜひとも紹介したいものが，ジェームス・W・ヤング著「アイデアのつくり方（A TECHNIQUE FOR PRODUCING IDEAS)」（この本のことを以下，ヤングとする）である[17]．

帯に「60分で読めるけれど一生あなたを離さない本」とあるように，非常に簡潔な文章からなる書物である．また，その中で述べられている方法論も簡潔に要約できる．ヤングによれば，アイデアのつくり方は以下の5つの段階からなる．

第1段階　資料集め―特殊資料と一般的資料

第2段階　心の中で資料に手を加えること（資料の咀嚼）

---

[16] 吉藤幸朔ら「特許法概説〔第13版〕」，有斐閣，2002，p.57

[17] ジェームス・W・ヤング著，今井茂雄訳，竹内均解説「アイデアのつくり方（A TECHNIQUE FOR PRODUCING IDEAS)」，阪急コミュニケーションズ，1988，pp.17, 18, 25, 28, 31, 33–55, 59, 72–77, 87

第3段階　資料の内容を意識外に置くこと（データからの解放）

第4段階　アイデアの誕生

第5段階　アイデアを具体化し，展開させること（アイデアのチェック）

しかし，ヤングで述べられている「アイデアのつくり方」を，そのまま「発明のつくり方」へ置き換えるのには少し無理がある．そこで，ヤングに書かれている原理・方法をベースにして，適宜ヤングの解説を参照しつつ，発明の基礎となる技術的アイデア（技術的思想）のつくり方を探ってみよう．

ヤングでは，“アイデアは天啓によってもたらされるのではなくて，一連の心理過程の最終の結実にほかならない”との仮説を立てている．そして，アイデアの作成は，「フォード車と同じように」，一定の流れ作業的な過程であると結論付けている．さらに，その過程は，修練を重ねることにより習得可能な操作技術によって達成し得るというのである．すなわち，アイデアの作成は，一定の道筋にそって，天啓ではなく修練によって習得可能な操作技術によって成し得るというのである．

また，ヤングでは，他の技術と同様に，アイデアをつくり出す操作技術を習得するためには，第1に原理を学び，第2に方法を学ぶべきと諭している．

アイデア作成の基礎となる一般的原理は2つある．1つ目は，「アイデアとは既存の要素の新しい組み合わせ以外の何ものでもない」ということ．2つ目は，「既存の要素を新しい1つの組み合わせに導く才能は，事物の関連性をみつけ出す才能に依存するところが大きい」ということである．

1つ目の原理は，特許法の立法趣旨にもつながるものである．すなわち，特許法は，発明を奨励することにより，科学技術の累積進歩を通じて産業の発達に寄与することを目的としている（特許法第1条）．そして，発明者に対して，発明公開の代償として独占権を付与するのである．発明が生み出される源流は既存の技術にあり，既存の技術を見知る環境下に発明者をおけば，2つ以上の技術を組み合わせるなどして，発明が奨励されるというのである．

ここで気をつけたいことは，発明自体が既存の要素の組み合わせでしか成り立たない，ということをいっているわけではないということである．あくまで，発明の前段階であるアイデア出しにおいては，すでに見知られている事物や事象をつなげたり，引き離したりすることによってなされ得るのである．

したがって，組み合わせられるべき「既存の要素」とは，科学技術に限らず，あらゆる事物・事象が対象となる．ここではあまり難しく考える必要はなく，発明を含むアイデアは，既存の何かをベースに形作られていくと認識しておけばよいであろう．

2つ目の原理は，アイデア作成に際して，事物・事象の関連性を読み解く力が必要，というものである．全くその通りだといわざるを得ない．やや横道に逸れるが，筆者は，優れた発明とは，その原理や作用が誰にでも理解できるものだと考えている．端的に表せば，「思いつけるようで，思いつけない発明」である．ときに，発明相談を受けている際に，「あっ！」と思うものがある．説明を受けた瞬間に発明内容を理解でき，かつ「どうして誰もこのことに気付かなかったのだろう」と思うような発明である．そういったものの大半が，斬新な「事物・事象の関連性」に目をつけて創作されている．

たとえば，データAとデータBとの間の関連性を探り，それを見出すことができれば，その関連性を基に，データAとは異なるデータCとデータBとの組み合わせ，あるいは，両方とも変えた，データXとデータYとの組み合わせに至ることが可能となる．データ個々の意味を考えるだけでなく，データの間にある関連性を知ることが肝要である．

これら2つの原理を念頭におき，先に示した5つの段階を踏むことによって，アイデアを作成する．ただし，各々の段階では，それに先行する段階が完了するまでは進んではいけない．このことを念頭において，アイデア作成の手順の解説に移ろう．

## 3.5　発明のつくり方の手順

### 3.5.1　第1段階：資料集め

アイデアが既存の要素の組み合わせからなるというのであれば，既存の要素にどういったものがあるのかを知らなければならない．これが資料集めの目的とするところである．ヤングでは，資料を特殊資料と一般的資料の2つに大別している．

技術的アイデアを得るための特殊資料としては，発明しようとする技術分野における技術が開示されている特許公報や科学技術論文などが該当するであろう．ただし，科学技術論文については，入手するのに時間や費用を要する場合がある．そこで，特殊資料として，まずは特許情報プラットフォーム（J-PlatPat）などの無料データベースで入手できる特許公報をあたればよい．

先にも述べたとおり，発明が解決しようとする課題（目的）と構成とは一体不可分な関係にある．そこで，特殊資料としての特許公報について着目すべきなのは，発明の目的と構成との関連性である．これに発明の作用効果を併せてみるとよい．

したがって，発明の目的・構成・作用効果に着目して，特許公報を収集するのである．ここで気をつけたいのは，発明の構成はともかくとして，その目的や作用効果については，発明間において相違する事項が表面上見られない場合がある．しかし，ここで何ら相違点がないと決めつけてしまうのは危険である．十分に深く掘り下げていけば，発明間の構成と目的・作用効果との間に相違点が表出し，それがきっかけとなって，アイデアを生むかもしれない関係の特殊性が見つかる可能性がある．

ここで，ヤングの解説でも引用されているデカルトの思想について触れておこう．デカルトは知的な仕事をする場合に守るべき規則として，「明証」，「分析」，「総合」，「枚挙」の4つを挙げている．

すなわち，知的な仕事をする際には，まず，注意して即断と偏見を避けなければならない（明証）．次いで，自分の研究しようとする問題を，できる限り多くの，しかもその問題を最もよく解決するのに必要なだけの数の小さい部分に分ける（分析）．さらに，自分の思想を，最も単純でもっとも容易なものから始めて，次々と階段をのぼるようにして，複雑なものの認識へとすすみ，ある考えに基づいて順序正しく配列していく（総合）．最後に，何の見落としもなかったと確信できるくらいに細部を見直し，全体にわたって再吟味する（枚挙）．

デカルトの規則における「分析」を鑑みれば，発明間に目的・作用効果について相違点が見つからないように思えても，相違点が表出するまで各発明の目的・作用効果を細分化すべきであろう．

一方，一般的資料としては特に制限はなく，あらゆるものが対象となる．まずは，興味のある技術が記載されているものを集め，次いで話題となっている技術，最先端の技術，評価の高い技術，過去には一般的に使われていたが現在では見向きもされなくなった技術，などが記載された資料を，一般的資料として集めればよい．もちろん，上記したとおり，既存の要素は科学技術に限らないのだから，たとえば，消費者の興味や心理に関する資料や微生物，昆虫，植物，動物などの生物に関する資料なども一般的資料の対象となる．ただし，一般的資料は，何かさしあたっての目的のために集めるというよりも，ある特定の事項が記載されたものを集めるといった，特定の目的を追求する時に一番よく集めることができるとされている．つまり，目的意識をもって効率よく資料を集めるのが望ましいということである．

発明を基礎付ける技術的なアイデアは，特許公報から得られる特殊知識と，この世の種々様々な事物・事象についての一般的知識との新しい組み合わせから生まれ得る．誰もが思いつかないような，いわゆるパイオニア発明を除いては，ベースとなる先行技術があり，その先行技術の特定事項について追加，置換，修正等することにより構成される場合が多いのである．先行技術は特許公報から得，先行技術との差分は一般的資料から求める．こうして構成される差分発明により特許を取得しようとする試みは，多くの大企業で実践されている．

ところで，資料は集めたら集めっぱなしでよいというわけではない．次の段階以降では，資料から得られた事実・情報（データ）を組み合わせていくので，そのための準備が必要である．

たとえば，カードにデータを書いていくというやり方がある．資料から得られるデータをできるだけ細分化し，独立したデータとしてそれらをそれぞれ 1 枚のカードに記入する．具体的には，色違いの紙を 2 種類用意し，一方には特許公報により得られた発明の目的・構成・作用効果を記載し，他方には一般的資料から得られたデータを記載する．このようなカードを作っておけば，それを上下・左右，時系列などに基づいて配列することによって，アイデアの組み合わせのシミュレーションができるようになる．また，不足しているデータや重複しているデータが瞬時に判断でき，資料集めにフィードバックできるのである．

また，ガラス片の数が多くなればなるほど，表現される幾何学的デザインの数が多くなる万華鏡の如く，アイデアを生む組み合わせの要素となるデータの数は多いほどよい．そして，「このデータとこのアイデアとは無関係である」といった先入観は捨てるべきである．データの組み合わせの可能性を狭める考えはすべきではない．

### 3.5.2 第2段階：資料の咀嚼

この段階では，集めた資料により得られるデータを様々な角度・視点から観察し，その意味を探し求めるように分析する．また，2つ以上の事実を並べてみたり，対比したりするなどして，それらの関係性を探る．ジグソー・パズルのようにすべてがきちんと組み合わされてまとまるような組み立てをするのである．

そのためには，互いに関係のありそうなデータを記載したカードを1カ所に集め，その理由を記した1枚のカードを新たに作るというやり方が効率的である．つまり，データをグルーピングするのである．これは，前述したデカルトの規則における「総合」に該当するであろう．小さいグルーピングから中くらいのグルーピングに進み，さらに大きいグルーピングとする．やがてもうこれ以上のグルーピングができない状態がくる．その後は，インスピレーションの到来を待つのである．

ただし，データのグルーピングは，「言うは易く行うは難し」である．データに触れれば，すぐさまその内容や，他の事実との関係性が理解できるというものではないからである．しかし，明確な判断基準は設けることができなくても，ちょっとした仮説を立てられたり，部分的なアイデアが浮かんだりする可能性はある．重要なのは，それらを記録しておくことである．このときにもカードが役に立つ．仮説や部分的なアイデアは，この後生まれてくるアイデアの前兆であり，それらをカードなどに言葉で書き記しておくことによってアイデア作成過程が前進するのである．

この段階では，無関係と思われていたものの間に関係性があることを発見するのに集中する．そして，仮説や部分的なアイデアの記録に徹底する．「徹底する」とは，2，3の仮説や部分的なアイデアに心がとらわれることなく，何もかもが心の中で入り組み混ざり合って，どこからもはっきりした明察が生まれてこないようになるまで取り組む，という意味である．

ここで気をつけたいのが，1つの部分的なアイデアが浮かび，あたかもそれが結論であるかのように錯覚することである．すなわち，未成熟なアイデアを，アイデアの最終形態と勘違いしてしまうのである．第2段階では，このような1つの考えにとらわれず，他の考えを排除せずに，なるべく様々なアイデアのパーツを集めることに専心しなければならない．

### 3.5.3　第3段階：データからの解放

第2段階では資料を集め，資料から得られたデータについて詳細に分析して，アイデアのパーツを記録した．その次になすべきことは，これらをすべて意識外におくことである．アイデアのパーツやその問題点を全く放棄する．できるだけ完全にこれらを心の外にほうり出してしまうのである．そのためには，資料やこれまでに記録したものを見ない．何でもいいから自分の想像力や感情を刺激するものに心を移す．音楽を聴いたり，小説を読んだり，映画を観たり，それこそ何でもよい．

第1段階で食料を集め，第2段階でそれを十分に咀嚼した．次の第3段階では，消化を促進するのである．そのままにして，ただし胃液の分泌を刺激するために，何かをすべきである．「つねにそれについて考える」ということから，意識して脱却することなのである．

### 3.5.4　第4段階：アイデアの誕生

第4段階は，完全な無意識的な段階である．何かをする，というよりは流れに身を任せるといってもよいであろう．ヤングでは，網版印刷（ハーフトーン）の発明者であるアイヴズ氏がその発明をした経緯について，次のようなエピソードを引用している．

> 「イサカ市で私のステロ写真版プロセスの作業をしながら，私は網版印刷の問題を研究していた（第1段階）．ある晩のこと，この問題ととっくんで私はノイローゼ気味で寝床に入った（第2段階の終わり，および第3段階の始まり）．そして翌朝目をさました瞬間（第3段階の終わり），私は目の前の天井に完全に解決されたプロセスと，操作を開始している装置が映っているのがありありと見えた（第4段階）．」

アイデアが訪れてくるのを待ち，アイデアを探し求める心の緊張を解いて，休息とくつろぎのひとときを過ごすのである．どのようにすれば心の緊張が解けるのかは，個人個人に依る．散歩しているとき，パートナーと話しているとき，インターネットを使っているときなど，様々であろう．ちなみに筆者の場合，最もリラックスできるのは湯船に浸かっているときである．アイデアが止めどもなく頭をよぎる．思考の再構築が急速になされる瞬間なのであろう．

### 3.5.5　第5段階：アイデアのチェック

最後の段階では，生み出されたアイデアを現実化する．アイデアに負荷をかける段階といってもよいであろう．多くの良いアイデアが陽の目を見ずに失われてゆくのは，ここにおいてである．

やるべきことは，生み出されたアイデアについて，実現可能であるかを検証することである．試作や実験を繰り返し，アイデアを具現化するのである．そして，理解ある人々の批判を仰ぐ．良いアイデアはそれを見る人々を刺激するので，アイデアの成立に手を貸してくれる場合が多い．それによって，発明者自身では見落としていた点や，そのアイデアのもつ種々のポテンシャル（可能性）が明るみに出てくるようになる．

「理解ある人々」としては，同僚の研究開発者や技術者のみならず，知的財産担当者が含まれる．特に，アイデアを発明へと昇華させるためには，知的財産担当者のアドバイスは不可欠である．社内に知的財産担当者がいない場合は，社外の弁理士に相談するとよいであろう．

そして，最後にもう1つ大切なことは，「すぐ始めよ」ということである．パソコンやインターネットが普及し，仕事の効率が格段にあがった．これは，仕事を迅速に進める環境が整ったといえる反面，面倒な仕事を後回しにできる環境も整ったといえるであろう．発明を生み出したいというのであれば，すぐに第1段階の資料集めに入るべきである．

ところで，発明は発明者，すなわち自然人によってなされるものである．会社などの法人が発明者とはなり得ない．人が自ら考え，行動する必要があるため，発明の創作活動は孤独を伴うものである．また，会社などの法人団体においては発明者が発明をしやすいような環境を整え，属人的にではなく，組織的に進めることにより，発明創出の効率がよくなる可能性がある．そこで，次項では，発明の創出を組織的に展開するヒントについて解説する．

## 3.6　組織的な発明の創出

### 3.6.1　知的財産経営のジレンマ

特許などの知的財産（知財）を経営に活かした知財経営をしたい．しかし，発明は自然人によってなされるものなので，知財経営をしたくとも，社員任せになるのではないか——このように考える経営者は多いのではないだろうか．

実際に，このことはデータとして表れている．経済産業省関東経済産業局が発行した『中小企業の知的財産活用事例集』[18]によれば，「知的財産を意識した企業経営を行っているか」との問いに対して，「行っている」および「行っていないが必要だと考えている」と回答した企業は92.8％にのぼる．実に9割以上の企業が企業経営に特許や商標などの知的財産が必要だと感じているのである．ここで特筆すべきなのが，食品工業に分類される企業においては，同じ問いについて「(知的財産経営を）行っている」と回答した企業が80.8％，「行っていないが必要だと考えている」と回答した企業は19.2％であったということである．すなわち，回答した食品会社のすべてが企業経

[18] 経済産業省関東経済産業局「中小企業の知的財産活用事例集」，2008年3月，pp. 214, 215, 67, 36

営に知的財産は必要だと回答しているのである．

これと関連して，今後の知的財産活動の取り組みについて，「現状よりも積極的に推進する方針」と回答した企業は全体で46.0%，「現状維持の方針」と回答した企業は44.7%であった．両者を合わせるとやはり90%を超え，企業経営者がいかに知的財産を経営上重要なものだと捉えているかが垣間見られる．

しかし，さらにデータを見ていくと，多くの企業は気持ちだけが先行しており，実際に知的財産活動に取り組んでいる企業はそう多くはないことがわかる．たとえば，発明の発掘について，「行っていない」と回答した企業は45.2%であり，「行っている」と回答した企業の割合（42.9%）を上回っている．また，発明の発掘を「行っている」と回答した企業のうち，「知財管理部門と研究開発部門での定期的な会議を開催している」と回答した企業の割合は3割にも満たなかった．このことから，組織的な発明創出を試みている企業は少数だといえよう．

また，知財経営を推し進めるのであれば，専任であれ兼任であれ，知的財産担当者の存在が重要である．しかし，実際には，専任どころか兼任の知的財産担当者すら置いていない企業が20%を超えるのである．

以上のデータから，多くの企業は知的財産経営を目指す，またはそうしたいとの考えはあるものの属人的な活動にとどまり，組織的な活動にまで至っていないというのが実情のようである．

### 3.6.2　事業目的とリンクした発明発掘

発明の前提として課題があり，良質な課題は良質な発明をもたらすことは，先に3.2項「課題なくして発明なし」において解説した．そして，良質な課題とは，必要十分な程度に具体化された課題のことである．したがって，発明を発掘するためには，まず課題を見つけ出し，その課題を具体化しなければならないのである．そこで，組織的に発明発掘を進めようとするのであれば，会社の課題を見つけて具体化することが必要であろう．

ここで，「課題」そのものについて少し考えてみよう．広辞苑 第五版 によれば，課題とは「題，また問題を課すこと．また，課せられた題・問題」

とある．さらに問題について調べてみると，「問いかけて答えさせる題．解答を要する問い」とある．これらをまとめれば，課題とは，「解答することが課せられた問い」とでもいえようか．しかし，どうもすっきりしない．この定義では課題を見つける作業に入るのは困難かもしれない．

そもそも完全に満足できている状態では，課題など発生し得ない．より満足した状態，すなわち，「あるべき姿」を思い描いてこそ，課題が浮かび上がってくるのであろう．そこで，ここでは，課題とは「あるべき姿」と「現在の姿」とのギャップと捉えるようにする．あるべき姿と現在の姿が一致するのであれば，これ以上望むべくもなく，そこからギャップ（課題）を探し出すのは非常に困難である．しかし，現実には，そのようなことはあり得ない．現在の姿より一歩も二歩も進んで，あるべき姿，理想とする姿が常に目の前にあるのではないだろうか．そして，そのあるべき姿に到達するのを妨げる要因となるものが，現実的な課題であるといえよう．

上記のように課題を定義付けるのであれば，会社の課題とは，会社のあるべき姿と会社の現在の姿との間にあるギャップだといえる．そこで，まずは会社のあるべき姿について考えてみる必要がある．

会社のあるべき姿のベースにあるのは，事業目的である．会社経営が成り立たないのと同じように，事業目的に沿わないと知財経営もまた破綻する可能性が高い．しかし，このことに気付いている会社はそう多くはないかもしれない．つまり，発明発掘の原点には事業目的があるのだと意識していない企業が多くあり，その結果として，知財経営の重要性を理解しつつも手をこまねいている会社が相当数あるのではないだろうか．

特許は事業目的に適った利益を生むものでなければならず，これが，発明発掘の大原則である．そうだとすれば，事業目的が何であるかを明確にしておくことは，最も基本的かつ重要なことである．

次に，事業目的の範囲内で，狙うべき市場（商品）を明確にする．たとえば，事業目的が酒類の製造であれば，酒類の中でもビール，ワイン，日本酒など特化すべき商品を選定し，さらに客層や地域などでセグメンテーション（市場細分化）する．このように事業目的を確認し，対象市場を明確にすれば，会社の「あるべき姿」が具体化できるのではないだろうか．たとえば，

「50代に受け入れられているビールの品揃えに優れた会社」や「北陸地域で評判の高い日本酒のラインナップが豊富な会社」などが，会社の「あるべき姿」の具体例として挙げられよう．

続いて，会社の「現在の姿」を明らかにする．つまり，発明を生み出す土壌が自社内にどの程度あるのかを把握するのである．具体的には，自社技術を棚卸しする．自社が保有する技術が明確になれば，会社の現在の姿が表出してくる．あるべき姿と現在の姿とが明らかになれば，その間にあるギャップが浮かび上がってきて，会社の技術的課題が見えてくるのである．そのような技術的課題は，研究開発者にとって発明をするための基礎となるものなのである．

次なる段階は，前項で解説した，発明のつくり方の第1段階である資料集めとなる．この段階からは，研究開発者が積極的に関与することになる．この際，対象市場に現存する他社または自社の商品やサービス，ならびに自社の現有技術について，関連する資料（特許公報など）を前もって組織的に調査・収集しておくとよい．組織的な活動から個人的な活動への引き継ぎが円

**表3-1**　発明発掘の組織的・個人的活動

| Phase | 活動内容 | 組織的活動 | 個人的活動 |
|---|---|---|---|
| I | 会社の「あるべき姿」の明確化 | | |
| | －事業目的の確認 | ○ | |
| | －対象市場の選定 | ○ | |
| II | 会社の「現在の姿」の明確化 | | |
| | －自社技術の棚卸し | ○ | |
| | －顧客情報の調査・分析 | ○ | |
| III | 発明の創出 | | |
| | －第1段階：資料集め | △ | ○ |
| | －第2段階：資料の咀嚼 | | ○ |
| | －第3段階：データからの解放 | | ○ |
| | －第4段階：アイデアの誕生 | | ○ |
| | －第5段階：アイデアのチェック | △ | ○ |
| IV | 発明の評価 | | |
| | －「あるべき姿」とのマッチング | ○ | |
| | －特許出願の可能性の検討 | ○ | |
| | －商品化・サービス化の検討 | ○ | |

○：責任主体，△：支援主体

滑に運べるようになる．

以降の組織的な活動としては，発明のつくり方の第2～第5段階の進捗を管理したり，情報を共有する場を設けたりなどする．発明のつくり方の第5段階については，個人的な活動から組織的な活動への移行段階と位置づけるのもよいだろう．

そして，アイデアが発明といえる段階にまで至った場合には，その発明が会社のあるべき姿を導き出せるものであるのかを評価し，特許出願や商品化について検討することとなる．

これらの段階をまとめると，表3-1のようになる．Phase IIIは，「発明のつくり方」として前節で解説した内容である．本節ではPhase IおよびPhase IIの具体的方法について解説する．

### 3.6.3　会社の「あるべき姿」の明確化（Phase I）

まず，事業目的を明確化する．といっても，法人であれば定款を作成しているのであるから，事業目的について再考するというのは時間の浪費につながると思うかもしれない．ここでは，これから発明しようとするものが，事業目的の範囲内にあることを確認する程度でよいであろう．

対象市場の選定はなかなか難しいが．市場の規模・多様性（たとえばビール→発泡酒→第三のビールなど），競合他社の数・規模，利用技術の数・成熟度などを総合して判断することになる．市場の規模や競合他社については，各種統計データが参考になるであろう．利用技術についての情報は，特許公報を用いたパテントマップ（後で詳述）を作成することにより知ることができる．たとえば，「ビール」に関する技術のパテントマップを作成したければ，ビールに関連する国際特許分類IPC（C12C11/00など）やキーワードを利用して，ビールやその製造に係る発明を記載した特許公報を抽出する．次いで，特許公報を発明の内容によって層別し，層別された特許公報の数を時系列や出願人ごとに並べることで，視覚的に理解が容易なパテントマップを作成することができる．このようなマップを作成することにより，現在流行している技術や，逆に近年進歩のない技術，競合他社の得手・不得手技術などの推測ができるであろう．

| | | 技術 | |
|---|---|---|---|
| | | 新 | 現 |
| 市場 | 新 | ①新技術による新たな市場の創出 | ②既存技術による新たな市場の開拓 |
| | 現 | ③既存市場における新技術の応用 | ④既存市場への既存技術の適用 |

**図 3-3** 技術—市場マトリクス

次に，統計データやパテントマップを利用して得られた情報に基づいて，対象市場を選定する．既存技術の情報と組み合わせて検討するのもよいであろう．たとえば，図 3-3 のような技術—市場マトリクスを活用する．

新規または既存の技術および市場を組み合わせて，図 3-3 における①〜④のどの手段を講じるのかを検討するのである．既存技術に限りがあるのであれば，自ずと新しい技術の開発が事業戦略の軸となるであろう．さらに，その新しい技術を活かして新市場の創出を目指すのか，あるいは既存市場において他社品と差別化した新商品を開発するのかを決定する．他方，市場にある商品が既存技術の積み重ねにより成熟しているのであれば，全く異なる商品への既存技術の活用を検討する．既存技術による新たな市場の形成を試みるのである．または，既存技術を既存市場に適用することも考えられる．

図 3-3 の①〜④の戦略について，一般的に，戦略①はハイリスク・ハイリターンであり，戦略④はローリスク・ローリターンであるといえよう．研究開発資金に余裕があり，長期的に研究開発活動ができるのであれば，戦略①の新技術による新市場の創出を選択するのが望ましい．成功すれば，トップシェアを築くことができ，多大な利益が見込める．他方，戦略④は，いってみれば模倣に過ぎないのであるから，長期的に利益を得るという目的では採用を避けたい戦略である．

リスクおよびリターンのバランスがとれているのは，戦略②または③であろう．現実的なのは，既存技術に改良を加えて他社商品と差別化した商品を創作し，市場に投じるという戦略③であろう．この戦略を採択する際には，既存市場と隣接する市場をも意識して，新技術の多面展開を試みるべきである．

### 3.6.4　会社の「現在の姿」の明確化（Phase II）

会社のあるべき姿をイメージできたならば，次いで会社の現在の姿を明確にする作業に移る．つまり，自社技術を棚卸しするのである．

技術の棚卸しは，漏れなく，重複なく実施しなければならない．たとえば，商品について，商品→機能構成単位→部品と順に分解して，それぞれの構成と，その構成から得られる機能を書き出す．その際，できるだけ従来技術にはない特徴的な構成や機能を見出すようにする．また，開発中の技術であれば，実験ノートや報告書を参照して，当該技術の構成を明らかにした上で，その構造，順序，条件，原材料・部品，目的物などを書き出し，さらに当該技術の構成によって奏する作用効果を列挙する．

このようにして棚卸しできた技術については，マトリクス表にまとめる．表 3-2 にマトリクス表の例を示した．

技術の棚卸しをする一方で，現在の顧客の情報を収集し，解析する．すなわち，顧客分析とクレーム分析を実施するのである．

顧客分析としては，顧客の購入履歴や属性などを調査・評価する．クレーム分析としては，顧客が感じる商品の不満点や改良の示唆（どのように改良すればもっと使い勝手がよくなるかなど）を調査・評価する．調査方法は，アンケートによるのが一般的である．ただし，回答しやすいように，アンケート内容を工夫する必要がある．

**表 3-2**　技術の棚卸し用マトリクス表

| | 構造 | 機能 | 効果 | 類似分析 | 改良可能性 |
|---|---|---|---|---|---|
| 構成 A | | | | | |
| 構成 B | | | | | |
| 構成 C | | | | | |
| … | | | | | |

得られた情報からは，顧客の望む状態（Purpose），顧客のおかれている状況（Position），顧客から見えている風景・広がり（Perspective），顧客の視点の先（過去・現在・未来）にあるもの（Period）が把握できるようになる．

こういう顧客もいれば，ああいう顧客もいると結論付けるのではなく，情報を集約して1人の顧客像を追求できるまでになれば，これらの分析は成功したといえる．顧客の中に潜む潜在的な要求を探り当てるのである．

## 3.7 知的財産担当者のあるべき姿

### 3.7.1 知的財産担当者に欠かせない素養：「積極的な行動」

知的財産担当者は，特許に係る業務として，自社の研究開発成果を権利化に結びつけるという役割のほかに，他社の特許出願の動向など新しい情報を研究開発担当者に供給し続け，場合によっては研究開発の方向性の修正を提言するといった役割を担う．また，さらに一歩進んで，研究開発担当者に気付きを与え，新技術の開発を誘導する役割を果たすことができれば素晴らしい．知的財産担当者は，これらを実践するために，研究開発担当者のところに出向き，進捗状況や成果などについて積極的にコミュニケーションをとることが求められる．したがって，知的財産担当者に欠かせない素養の1つに，「積極的な行動」が挙げられる．知的財産担当者の「積極的な行動」が，発明の創出や権利化にむすびついたという事例は数多ある[19]．

たとえば，知的財産担当者が「営業会議」と「研究開発会議」の両方に同席し，営業部門から上がってくる顧客ニーズを研究部門に伝え，研究部門のシーズを営業部門に伝える，といった両者の橋渡しをしているという会社もある．その会社では，ときには，研究部門とともに顧客の元へ技術指導をするなどして社外の情報収集も行っており，知的財産担当者が社内外のパイプ役になることによって，研究開発が促進されている．

別の事例として，研究開発活動をサポートする「技術部」が，知的財産関

[19] 経済産業省関東経済産業局「中小企業の知的財産活用事例集」，2008年3月

連業務も担当しているという会社もある．この知的財産担当者は技術部門の連絡会議に参加し，そこでの技術者の発表などから知的財産のタネとなるアイデアの発掘を行っている．また，現在保有している技術のポートフォリオ(一覧）から「こういった研究開発も行ってみてはどうか」というような提案も行うなどして，事業戦略と研究開発活動の目指すべき方向性を探っている．

一方で，知的財産担当者が新しい知財の創造にも関わっているという会社もある．たとえば，そのままでは権利化することが難しいものも，他の部署が出してきた別のアイデアを組み合わせれば権利となりうる…といったように，社内横断的な視点からのアドバイスを行っているのである．

この事例では，ある程度の知的財産権の知識や経験が知的財産担当者に求められるが，これらの事例すべてに共通しているのは，知的財産担当者の「積極的な行動」である．受け身の姿勢が目立つ知的財産担当者を置くメリットはそれほどないかもしれない．自社の商品やサービスをはじめとして様々なことについて首を突っ込む姿勢，それこそが知的財産担当者に求められるのである．

### 3.7.2　発明を正確に把握するための3つのスキル

次に，知的財産担当者が備えるべきスキルについてみていこう．

知的財産担当者の重要な職務の1つに，“発明の発掘”がある．知的財産担当者には1つでも多くの発明を見出し，権利化することが望まれる．そのためには，知的財産担当者は発明者から発明に関する情報を得なければならない．

ところで，人が情報を伝達する手段は，通常2通りしかない．言葉により口頭で伝えるか，文章により書面で伝えるかのいずれかである．つまり，知的財産担当者が発明者から発明に関する情報を得るためには，「聴く」か「読む」しかない．もっとも，確実を期すためには，聴く・読むの両方を使うべきである．とすると，知的財産担当者に求められるのは，聴解力と読解力の2つのスキルといえよう．この2つのスキルを使って，発明の内容を理解するのである．

しかし，聴く・読むだけで発明を理解するのはなかなかに難しい．そこで，これに「見る」を加える．発明者から発明内容を説明してもらう際に，できるだけ図面，試作品，実験結果などの発明を「見える化」したものを用いて説明してもらうのが賢明である．そして，発明の理解の先には，その発明がどのような場面・状況で使えるか・使われるかということをイメージできなければならない．発明の使用態様を把握してこそ，発明の本質を理解できるようになる．そのために，知的財産担当者は，想像力も養っておく必要がある．

聴解力，読解力，そして想像力．この3つの能力（スキル）こそ，発明の内容を正確に把握するために知的財産担当者が備えておくべき最低限のスキルだと，筆者は考える．ただし，この3つのスキルを使い分けるのには訓練が必要である．よくあるのが，発明内容を聴きつつ，理解より先に想像力を働かせてしまう失敗である．すなわち，聴解力を発揮して発明の理解に努めなければならないところ，想像力を働かせて発明の使用態様ばかりを考えてしまい，発明の理解が疎かになるという失敗である．このような失敗を避けるためには，たとえば，発明者との面談に際して，前半は発明の理解に努める時間とし，休憩をとった後，後半に発明の使用態様について議論する時間を設けるなどすればよい．聴解力を発揮する時間と想像力を発揮する時間とを別々に設けるのである．複雑な発明であれば，日を分けてもいいだろう．たとえ時間がかかったとしても，知的財産担当者に求められるのは，発明の内容を理解し，発明の本質を見抜くことである．

### 3.7.3　情報を引き出すスキル

一方で，知的財産担当者が発明の理解に務めようとしても，発明者が発明の輪郭を捉えきれていない場合がある．そのようなときは，無理して発明の本質を捉えようとせず，まずは頭の中を整理するように発明者を促し，発明の構成要件を1つずつ丁寧に確認していく作業が必要である．発明について理解しようと思うばかりに，発明者の引き出しを全部開けることなく，中途半端な情報で発明像を描こうとするのは非常に危険である．発明者をリラックスさせ，ときには発明者の注意を喚起するような質問を織り交ぜながら，発明の全容解明に努める．知的財産担当者にとって，情報を引き出すためのコミュニケーション力は必要不可欠であろう．

知的財産担当者は，聴解力，読解力，想像力およびコミュニケーション力を駆使し，発明についての正確な情報を発明者から網羅的に取得することによって，発明内容を理解し，発明の本質を探るように努める．知的財産担当者にとって，身に付けておくべきスキルは他にもあるであろうが，「聴解力，読解力，想像力」＋「情報を引き出す」スキルは発明を発掘する際に備えておくべき基礎的な能力となる．

### 3.7.4　長文作成力は必要か？

これまで，知的財産担当者が発明を発掘するスキルについて述べた．では，発明に関する情報を伝達するスキル，たとえば，長文作成力は必須のスキルであろうか．

多くの場合，知的財産担当者は，特許事務所（弁理士）へ特許出願の手続を依頼する．このときいくつかのパターンが考えられるが，発明内容を文章化し，特許明細書の形に整えて送付する場合がある．そこで，知的財産担当者が特許明細書を作成するためには，ある程度の長文作成力が求められる．そこで，知的財産担当者は長文作成力を有しているのが望ましいといわれている．

しかし，筆者は必ずしも，知的財産担当者に長文作成力が備わっている必要はないと思っている．長文を作成するには，文章の順序や関係性などを考慮して，論理的に文章を並べなければならない．そこで長文を作成するのに固執してしまうと，誤った情報を伝達したり，伝達すべき情報に抜けが生じる可能性がある．そのため，長文ではなく，箇条書きや表などを利用して，正確かつ網羅的に情報を伝達するよう努めるべきであろう．たとえば，マインドマップ（自分の考えを絵で整理する表現方法）が有効である．発明者から得た発明内容をマインドマップとして書き留めておき，枝（ノード）の部分を箇条書きにしてまとめるのである．マインドマップは，情報を網羅的に伝達する手段として適しているといえよう．

知的財産担当者は，長文などの形式にこだわるよりも，むしろ発明の内容を洩れなく確実に弁理士へ伝える手段を探るべきである．発明者から発明内容について説明を受けるのと同じように，文章に加えて，図面，試作品，実験結果などを用いながら，口頭により発明を説明するのが望ましい．そして何よりも，発明の内容理解に全力を注いでくれる弁理士を当たるべきである．

### 3.7.5　経験に基づく知識の吸収

技術経営に則った食品製造業を営む会社にとって，「技術」と「経営」は切り離せない関係にある．技術と経営がうまく絡み合うことによって，利益を伸ばすことができる．そこで，食品特許によって技術経営を促進させるためには，食品特許の創出に関与する知的財産担当者が，技術と経営の両方の知見を有していれば，その意義は非常に大きい．しかし，これらを教科書的に机上で学ぶのは非常に難しいものである．そこで，多くの企業では，知的財産担当者に技術や経営を学ぶ機会を積極的に与えるようにしている[20]．

たとえば，知的財産担当者に技術力を身につけさせるために，技術・開発部門や研究所などの発明を生み出す部門に数カ月～数年間配属している会社がある．知的財産担当者に発明を生み出す現場を経験させることによって，発明提案書や特許明細書から，発明が研究段階にあるのか，試作段階にあるのか，実現に近い段階にあるのか，実現されたものなのかなどの，技術の成熟度を推測する力を養成している．また，これとは逆に，研究開発をしている者を順番に知的財産担当者に充てている会社もある．そうすることによって，知的財産権を意識したものづくりをするよう促している．

一方，知的財産担当者に経営的センスを積極的に身につけさせている会社もある．たとえば，経営者である社長自らが主催する研修を，他の幹部候補生とともに知的財産担当者にも受けさせるのである．そのほかにも，経営企画や製品戦略などの経営の中心となる部署に知的財産担当者をローテーションさせる取り組みを行っている会社もある．知的財産担当者に，知的財産権の先には会社経営があることを常に意識させているのである．

---

[20] 特許庁「戦略的な知的財産管理に向けて―技術経営力を高めるために―<知財戦略事例集>」，2007年4月

知的財産担当者が研究開発者や経営者である必要はないが，知的財産担当者が自社内の技術と経営との関係を把握してはじめて，食品特許を活かした技術経営を推し進めることができるのである．

### 3.7.6 知的財産権の知識

最後に，知的財産担当者に求められる知的財産権の知識レベルについて触れておく．

筆者の考えでは，特許出願や審査対応までを外部に頼ることなくすべて自社内で処理する場合を除いて，知的財産担当者を選定する際に，現に有している知的財産権の知識レベルはそれほど重要ではない．

社内に弁理士などの知的財産権の高度な知識を有する者がいるとは限らない．知的財産権の実務に際しては，雑多な知識を網羅的に取得するのではなく，必要とされる知識を1つずつ蓄えていくことが必要である．そこで，実務を通して必要な知識を蓄えるようにし，不明な点は外部の専門家に逐次質問するのが効率的である．

なお，特許実務に際して必要とされる知識は，技術分野によって大きく異なる．食品分野についても例外ではなく，たとえば，官能評価試験の手法や扱い方など，食品分野特有の特許実務がある．そこで，実際に実務を経験しながら，製造・販売すべき商品の性質に沿った知的財産権の知識を身につけるのが得策である．

ただし，そのためには，不明な点について何時でも質問できる外部専門家を確保しておくことが好ましい．顧問契約などを結ぶことによって，食品分野を得意とする弁理士などの専門家の助けを借りるようにする．その際，商品に関する技術的知識があるのは当然のこと，コーチングやコンサルテーションのスキルを有する者を選ぶとよいであろう．

### 3.7.7 知的財産担当者のバリエーション

知的財産担当者といっても，会社によって様々なパターンがある．たとえば焼津水産化学工業株式会社（以下，焼津水産）は，特許取得と商標登録の組み合わせで製品ブランドの確立を目指す，知的財産権を活用している会社である[21]．焼津水産は，魚介類を原料とする天然調味料のトップメーカーであり，健康や美容に関する機能性素材の研究・製造でも高い評価を得ている．

焼津水産では知的財産担当部門を置かず，研究開発部門内に知的財産担当者を配置するようにしており，専門技術に精通した知的財産担当者が，研究開発テーマの策定から開発業務，特許取得に至るまでの過程を把握している．知的財産担当者が研究開発業務を理解していることにより，特許出願の可否判断がスムーズであるなどのメリットがある．また，独立した知的財産担当部門を置くと，知的財産担当者と研究開発者との間で心理的な垣根ができる場合がある．しかし，焼津水産ではそのような心配は無用であり，重要な知的財産戦略を開発段階から常に一定のベクトルで追究することができている．研究開発部門に知的財産担当者を配置する意義は大きいといえよう．

別の例として，株式会社コバードがある．コバード社は従業員数106名中，兼任ではあるものの，3名の知的財産担当者を置く，知的財産権を重視している食品製造機器メーカーである[22]．国内の特許所有件数は35件であり，それ以上に外国特許所有件数が29件というのにはインパクトがある．

コバード社は，過去に特許紛争を経験している．この経験を踏まえ，たとえ出願費用が多少膨らむことになっても，裁判になったときの費用に比べれば僅少であるという考え方に基づき，周辺技術も含め，漏れのない権利取得を目指すという方針をとっている．また，単一の特許では簡単に模倣されてしまうので，1つの製品について複数の特許を取得する方針をとっている．中には，1つの製品に対して17件の特許を出願しているものもあり，徹底的に「特許で守る」という姿勢を打ち出している．コバード社では，弁理士や特許情報活用支援アドバイザーなどの専門家を積極的に活用している一方，社内の知的財産担当者に対して，2週間に1度，公共の特許検索サービスを利用して，先行技術調査を実施している．

焼津水産やコバード社のように，知的財産権を技術経営の中心に据えてい

---

21 関東経済産業局「中小企業の知的財産活用事例集」，平成20年3月

22 近畿経済産業局「近畿の先進事例に学ぶ中小・ベンチャー企業のための知的財産戦略ガイドブック～活かしてや！知的財産～」，2006年3月

る会社では，知的財産担当者は非常に重要な役割を担っている．つまり，それだけ食品特許は会社にとって重要な意味をもつということなのである．食品特許に基づいた技術経営を実施する“はじめの第一歩”として，社内に知的財産担当者を置くことを検討してみてはいかがであろうか．

# 第 4 章　食品特許を取得する方法

## 4.1　食品特許を取得するための基礎知識

### 4.1.1　特許出願に必要なもの

特許を受けようとする者は，所定の書面を特許庁長官に提出しなければならない（特許法第 36 条第 1 項柱書）．この行為は，一般的には「特許申請」として知られているが，特許法上では「特許出願」と規定されている．

このように特許出願は書面を提出することにより行われる．言い換えれば，発明品，ひな形，見本などの現物を提出する行為や口頭で発明内容を説明する行為は，特許出願として認められていない．現物は保存や運搬が不便であり，方法の発明などの発明内容を表すのに不適切な場合がある．また，口頭による説明の場合，客観的に発明を特定するのは困難であり，発明内容を広く世に公開する手段としても不適切である．このような理由があって，現在認められている特許出願は，書面を提出する行為のみである．

では，特許出願に際して，どのような書面を提出すればよいのであろうか．

特許出願は願書を特許庁長官に提出することにより成立する．したがって，特許出願をする際には，何よりも「願書」（特許願）が必要である．また，願書のほかに発明を特定し，説明する書面も必要である．このような書面として，「特許請求の範囲」「明細書」「図面」（必要時）および「要約書」を願書に添付しなければならない（特許法第 36 条第 2 項）．以下に，これらの書面について概要を説明する．

### 4.1.2　願書（特許願）

特許付与を要求する意思を表示するための書面，それが願書である．願書には，特許出願人および発明者に関する情報を記載する（特許法第 36 条第 1

| | | |
|---|---|---|
| 【書類名】特許願 | | |
| 【整理番号】 | | |
| 【提出日】 | 平成　　年　　月　　日 | |
| 【あて先】 | 特許庁長官　　　　　　殿 | |
| 【発明者】 | | |
| 　【住所又は居所】 | | |
| 　【氏名】 | | |
| 【特許出願人】 | | |
| 　【住所又は居所】 | | |
| 　【氏名又は名称】 | | |
| 　【代表者】 | | |
| 　【電話番号】 | | |
| 【提出物件の目録】 | | |
| 　【物件名】 | 特許請求の範囲 | 1 |
| 　【物件名】 | 明細書 | 1 |
| 　【物件名】 | 図面 | 1 |
| 　【物件名】 | 要約書 | 1 |

**図 4-1**　願書の記載項目

項第 1 号および同第 2 号)．願書に記載すべき項目を表したのが図 4-1 である．

発明者とは，真に発明をなした自然人でなければならない[23]．法人は発明者にはなり得ないのである．したがって，会社の従業員によって発明された場合は，その従業員が発明者となる．ただし，発明者とは発明の創作行為に現実に加担した者だけを指し，単なる補助者，助言者，資金の提供者，あるいは単に命令を下した者は，発明者とはならない．ここで問題となるのは，複数名が発明の創作行為に関与している場合，誰を発明者とすべきかである．この問題を解決するのは難しく，発明ごとに弁理士などの専門家にアドバイスを求めるべきであろう．

原則として，特許を受ける権利を有しているのは発明をなした発明者である（特許法第 29 条第 1 項柱書)．したがって，発明者は，自らした発明について，特許出願することができる．この場合の特許出願人は発明者である．

一方，特許を受ける権利は移転することができる（特許法第 33 条第 1 項)．

[23] 中山信弘著「工業所有権法（上）特許法（第二版増補版)」，弘文堂，2000 年，p.59

発明者から特許を受ける権利を承継した者は，その発明者がなした発明について特許出願することができるのである．この場合の承継人が法人である場合は，その法人が特許出願人となり得る．また，職務発明については，発明者である従業者から使用者等への予約承継が認められている（特許法第35条第2項反対解釈）．職務発明については，使用者等，すなわち，使用者，法人，国および地方公共団体が特許出願人となり得るのである．この場合，従業者は，相当の金銭その他の経済上の利益（相当の利益）を受け取ることができる．

なお，後述する願書に添付すべき特許請求の範囲，明細書，図面および要約書は外国語（英語）のものを提出することができるが，願書は必ず日本語で作成しなければならない（特許法第36条の2第1項）．

### 4.1.3 特許請求の範囲

特許請求の範囲には，出願人自らの判断で特許による保護を求めようとする発明を記載する．

図4-2に特許請求の範囲の記載項目を示した．

特許請求の範囲は権利書としての意味を有し，その記載は特許発明の技術的範囲を決定し，ひいては権利の範囲を画することになる[24]．たとえば，ある商品が模倣品（侵害品）であるかどうかは，特許請求の範囲の記載に基づいて判断される．また，特許審査においては，特許請求の範囲に記載された発明について，従来技術との差異（新規性・進歩性）が明確になっているか判断される．したがって，特許請求の範囲は，審査対象を特定するものでもある．

特許請求の範囲は，図4-2に示したように請求項に区分して，請求項ごとに特許出願人が特許を受けようとする発明を特定するために必要と認める事項をすべて記載する（特許法第36条第5項）．たとえば，特許を受けようとする「食パン」に係る発明が特徴A，BおよびCからなる場合，請求項1には「A，BおよびCからなる食パン」などと記載する．次に，発明のバリ

---

[24] 中山信弘著「工業所有権法（上）特許法（第二版増補版）」，弘文堂，2000年，p.180

【書類名】特許請求の範囲
【請求項1】
【請求項2】
・
・
・

**図4-2**　特許請求の範囲の記載項目

エーション（横展開）や発明の表現形式（縦展開）を考慮して，請求項2以降を記載する．たとえば，横展開した発明の例は，特徴Dを加えた「A，B，CおよびDからなる食パン」に係る発明や，特徴Cを特徴C'に置き換えた「A，BおよびC'からなる食パン」に係る発明などである．縦展開した発明としては，食パンの製造方法や食パンの加工方法などが挙げられよう．なお，このような場合において，一つの請求項に係る発明と他の請求項に係る発明とが同一記載となってもよい（特許法第36条第5項）．

また，特許請求の範囲の記載は，明細書の発明の詳細な説明に記載されているものでなければならないことから（特許法第36条第6項第1号），明細書に具体的に開示されていないものを，特許請求の範囲に入れることは許されない．さらに，特許請求の範囲の記載については，特許を受けようとする発明が明確であること，かつ，請求項ごとの記載が簡潔であることが求められる（特許法第36条第6項第2号および同第3号）．これは，特許請求の範囲の記載から，客観的に発明の内容や技術的範囲が理解されなければならないからである．

### 4.1.4　明 細 書

明細書は，発明の内容を説明するための解説書という役割を担う．すなわち，先に説明した特許請求の範囲に記載された用語の意義は，明細書や後述する図面を考慮して解釈されるのである（特許法第70条第2項）．

また，明細書は，発明という新技術を世に公開するための技術文献として機能する（特許法第64条など）．そのため，明細書には，発明の名称，図面の簡単な説明，関連するすでに知られている発明が記載された刊行物の名称などのほかに，発明の詳細な説明が記載されていなければならない（特許法第36条第3項および同第4項第2号）．

この発明の詳細な説明は，当該発明の属する技術の分野における通常の知識を有する者（当業者）が，当該発明の実施をすることができる程度に明確かつ十分に記載したものであることが要求されている（特許法第36条第4項第1号）．なぜなら当業者が実施できない程度の内容だと，技術文献としての役割を果たすことができないからである．特許は，新しい技術を世に公開することへの代償として付与されるのであるから，当業者が実施できない程度の内容では，特許を付与するに値しないとみなされるのである（特許法第49条第4号）．

当業者が実施できる程度というためには，発明が解決しようとする課題およびその解決手段その他の当業者が発明の技術上の意義を理解するための必要な事項が記載されていなければならない（特許法施行規則第24条の2）．このような事項を記載したものとして，図4-3に明細書の記載項目を示した．

ここで「発明の実施」とは，たとえば，食料品や飲料品などの食品である「物」の発明の場合，その物の生産，使用，譲渡などをする行為をいう（特許法第2条第3項第1号）．また，試験方法や検査方法などの「方法」の発明の場合はその方法の使用する行為をいう．さらに，食品の製造方法などの「物を生産する方法」の場合は，その方法の使用や，その方法により生産した物の使用，譲渡などをする行為をいう（特許法第2条第3項第2号および第3号）．したがって，発明が食品という「物」である場合，食品そのものだけでなく，その食品の生産（入手），使用，運搬，保存，検査などをするための，原材料，中間製品，条件，製造工程なども記載するようにする．そして，これらを単に記載するのではなく，実践して得たデータによって裏付けられた「実施例」を記載する．食品特許の場合，この実施例が非常に重要な意味をもつようになる．

前項の「特許請求の範囲」は，特許出願人が特許を請求する範囲を記載したものである．それに対して，明細書は，主として第三者が発明内容を理解するために供せられるものであり，客観性のある内容であることが望まれ

【書類名】明細書
【発明の名称】
【技術分野】
　　【0000】
【背景技術】
　　【0000】
【先行技術文献】
【特許文献】
　　【0000】
　　　【特許文献1】
　　　【特許文献2】
【非特許文献】
　　【0000】
　　　【非特許文献1】
　　　【非特許文献2】
【発明の概要】
【発明が解決しようとする課題】
　　【0000】
【課題を解決するための手段】
　　【0000】
【発明の効果】
　　【0000】
【図面の簡単な説明】
　　【0000】
　【図1】
　【図2】
【発明を実施するための形態】
　　【0000】
【実施例】
　　【0000】
【産業上の利用可能性】
　　【0000】
【符号の説明】
　　【0000】
1
2
【受託番号】
　　【0000】
【配列表フリーテキスト】
【配列表】

**図4-3**　明細書の記載項目

る．特許請求の範囲および明細書ともに，それぞれのもつ意味を理解した上で作成されるべきであろう．

### 4.1.5 図　面

図面は，特許出願に際して必須の書面としては要求されていない．しかし，発明によっては，明細書の理解の補助として図面が機能する場合がある．たとえば，ソフトウェアに係る発明の場合は，フローチャートの図面があると客観的な理解が容易になる．このように，発明の具体的な構成が明らかになる場合には図面を用意するようにする．

もちろん，方法の発明や，物の発明であっても化学物質に係る発明などは図示することができない．このような場合は，図面を添付せずに特許出願すればよい．

また，発明の具体的構成だけでなく，発明に関する客観的データ，たとえば，赤外線スペクトルやその他の実験結果をグラフ化したものも図面とすることができる．特に，実験結果により発明が奏する効果を強く印象づけたいのであれば，視覚効果を狙ってグラフ化するのが有効であろう．ただし，気をつけたいのは，通常の出願手続ではカラー図面はグレースケール（白黒）図面に変換しなければならないことである．そのため，写真であればコントラストを明確にして個々の輪郭を明確にし，グラフであれば色ではなくシンボルを変えるなどして，発明に係るものとそうではないものとを区別するとよいであろう．図面の記載項目を図4-4に示した．

【書類名】図面
【図1】
【図2】
・
・
・

**図4-4**　図面の記載項目

### 4.1.6 要 約 書

願書に添付する文書として要約書も必要である．要約書は特許請求の範囲

【書類名】要約書
【要約】
【課題】
【解決手段】
【選択図】

**図 4-5**　要約書の記載項目

や図面に記載した発明の概要などを記載した書面であり，第三者の技術情報へのアクセスを容易にするものである．そのため，要約書は発明に関する技術情報として用いられるものであり，その記載を明細書や図面のように特許請求の範囲に記載された用語の意義を解釈する際に考慮してはならない（特許法第 70 条第 3 項）．したがって，特許請求の範囲や明細書などと比べると，法的には重要性の低い書面であるといえるであろう．図 4-5 に例を示したが，要約書には明細書中に記載されている発明の課題やその解決手段である請求項 1 に係る発明などを，限られた文字数内で簡潔に記載する．

### 4.1.7　その他の書面

特許出願時に必要な書面としては，前述したもの以外にも，願書の記載内容について事実関係を証明する書面や，発明の内容によっては，微生物を寄託したことを証明する書面である「受託証」を提出しなければならない場合がある．また，バイオ関連発明の場合は，核酸の塩基配列やタンパク質のアミノ酸配列を記載した「配列表」を明細書に記載する．

特許出願時に必要な書面はそれぞれのケースによって違うので，どのような書面を用意すべきかについては，弁理士などの専門家と事前によく相談しておくべきである．

### 4.1.8　明細書と研究報告書との比較

これまで説明した書面のうち，作成するのに比較的時間を要するのは明細書である．

図 4-3 に示したとおり，明細書において記載すべき項目はほぼ決まってい

る．とはいえ，これらの項目を眺めてみても，それぞれの項目について何を書くべきか迷うのではないだろうか．そこで，研究報告書（論文）を例にとって，明細書の各項目を解説してみよう[25]．

多くの場合，研究報告書の構成は，「テーマ」（title），「要約」（abstract），「まえがき」（introduction），「実験材料・機器・方法」（materials and methods），「実験結果」（図や表を含む）（results），「考察」（discussion），「結論」（conclusion）および「参考文献」（references）となっている．

明細書における【発明の名称】は，研究報告書における「テーマ」，すなわち研究の名称にあたる．ただし，形容詞がいくつも並ぶような長いテーマの場合は，発明の内容を簡明に表示するものに改めて記載するようにする．通常は，特許請求の範囲の記載が決まり次第，「請求項」の末尾にくる物や方法の名称を記載すればよいであろう．

明細書の【技術分野】は，研究報告書の「まえがき」から発明が対象としている産業分野や，発明を適用できる装置や物品などを抜き出して記載する．

明細書の【背景技術】や【先行技術文献】は，研究報告書の「まえがき」や「参考文献」に挙げられている広く知れ渡っている技術のうち，発明の内容に近いものを挙げて説明する．ただし，ここでは文献から読み取れる事実だけを記載すればよい．

明細書の【発明が解決しようとする課題】は，研究報告書の「まえがき」の末尾に触れられているであろう先行技術の問題点を記載する．端的にいえば，研究の必要性を書けばよいのである．研究テーマをなぜ思いついたのか，その理由を書くとよい場合がある．

明細書の【課題を解決するための手段】には，課題の解決手段，すなわち特許請求の範囲に記載されている発明を記載する．これは，先行技術との差異点が述べられている研究報告書の「考察」や「結論」に基づくことになる．ただし，権利範囲と深い関係性のある項目であることから，その記載内容には細心の注意が必要である．

---

[25] 特許庁「特許ワークブック」，社団法人発明協会，2001年，p.33

明細書の【発明の効果】は，研究報告書の「実験結果」や「考察」から，従来技術から見て有利な点を抽出して記載する．ただ単に有利というだけでなく，従来技術から予期できない点を記載できればなおよいであろう．

明細書の【発明を実施するための形態】は，明細書の核となる項目であり，研究報告書の「実験結果」，「考察」および「結論」をベースにし「まえがき」に記載されている発明が属する技術分野の技術水準を踏まえながら，発明のバリエーションや表現形式について合理的に説明する．つまり，研究報告書の記載内容を総動員するのである．この項目では，特許請求の範囲に記載した発明と実験結果との間にあるギャップを理論的に埋めるように記載するようにする．そうすることで，広い範囲の権利（特許）を取得することが可能となる．

明細書の【実施例】は，研究報告書の「実験材料・機器・方法」および「実験結果」が該当する．ただし，ただ単に研究報告書のこれらの記載を転記すればよいというものはではない．何のために，どのような実験をしたのか．あるいは，不足している実験データは何なのか．実験の持つ意味を考慮して，実施例を作成すべきである．

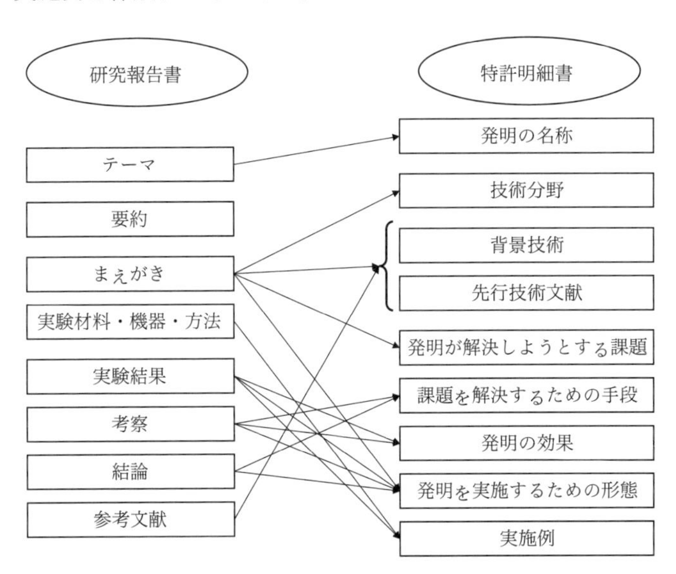


**図 4-6**　研究報告書と明細書との関係性

研究報告書の項目と明細書の項目との関係性を図4-6に示した．研究報告書から明細書を作成する際に参考されたい．ただし，「研究成果を報告する」のと「特許を取得する」のとでは，意味合いが全く異なる．研究報告書の記載を継ぎ接ぎすれば明細書が完成するというものでは決してないことに注意を要する．

## 4.2 発明の裏付け

### 4.2.1 発明を裏付ける記載

発明は，具体的な実体物である必要はない．頭の中に浮かんだアイデアやコンセプトに基づく創作であればよいのである．したがって，原則，アイデアやコンセプトを規定のフォーマットに則して書き連ねれば，特許出願ができる．

しかし，実際には，これだけで特許を取得しようとするのは難しい．特に，食品特許については，抽象的なアイデアやコンセプトを書面に落とし込むだけでは，なかなか特許を取得できない．

その発明は実施可能なものか．このことを客観的かつ具体的に説明しなければならないのである．すなわち，特許明細書には，発明が実施可能であることを裏付ける記載が必要なのである．

### 4.2.2 実施可能要件

明細書には，発明の詳細な説明が記載されていなければならない（特許法第36条第3項第3号）．そして，この記載は，経済産業省令で定めるところにより，その発明の属する技術の分野における通常の知識を有する者（当業者）が，その発明の実施をすることができる程度に明確かつ十分に，記載したものであることが求められる（特許法第36条第4項第1号）．これは，当業者が，明細書等の記載事項や技術常識に基づき，発明の属する技術分野における研究開発（文献解析，実験，分析，製造等を含む）のための通常の技術的手段を用いて，発明を実施することができる程度に発明の詳細な説明を記載しなければならない旨を意味する[26]．そして，この発明の詳細な説明の記載に求められる要件は，当業者による発明の実施が可能である要件との意味で，「実施可能要件」とよばれる．

換言すれば，当業者が発明を実施しようとした場合に，その発明をどのように実施するかを見出すために，過剰な試行錯誤や複雑高度な実験等を行う必要があるときは，当業者が実施することができる程度に発明の詳細な説明が記載されておらず，実施可能要件が満たされていないということになる．

なお，「発明の実施をすることができる」とは，発明が物の発明にあってはその物を作ることができ，かつ，その物を使用できることである．同様に，方法の発明にあってはその方法を使用できることであり，物を生産する方法の発明にあっては，その方法により物を作ることができることである．

### 4.2.3 実施可能要件を充足する実施例

では，実施可能要件を満たすためには，発明の詳細な説明において，発明をどの程度まで説明すればよいのであろうか？

たとえば，発明が“食品”の場合は，発明の構成要件を充たした食品を用意し，その食品は具体的にどのような構造や機能・作用を有しているか，どのように作ることができるか，どのように使用できるかといったことを具体的に明記して，発明を説明するようにする．このように，発明の構成要件を充足した具体化物が実施例である．明細書中に実施例を記載し，発明が実施可能であることを裏付けるのである．

とはいえ，実施例を必ず用意しなければならないかといえば，そうではない．実施例を用いなくても当業者が明細書等の記載や出願時の技術常識に基づいて発明を実施できるように説明できるときは，実施例の記載は必要とされない．

しかし，発明の詳細な説明において不備があり，その不備を補完することが当業者になし得ない場合は，実施可能要件違反となる．そのような不備とは，たとえば，発明を構成する技術的手段が発明の詳細な説明中に単に抽象

[26] 特許庁「特許・実用新案　審査基準」，第1章　3.2

的，機能的に記載してあるだけで，それを具現すべき材料，装置，工程などが不明瞭である場合や，発明を構成する個々の技術的手段の相互関係が不明瞭である場合，製造条件等の数値が記載されていない場合，などである．

ここで，食品発明について考えてみると，製法や構造に特徴のある食品に係る発明や，特定の成分からなる食品に係る発明などは，その構造，機能・作用，効果といったものを抽象的に説明するだけでは，その食品の発明が実現可能なものか否かを説明するのは困難であろう．そのため，実務的にも，多くの特許審査の場面で，食品発明について実施例が必要とされている．

このような事情を勘案すれば，実施可能要件を満たして食品特許を取得するためには，明細書において実施例の記載は必須といえるであろう．

### 4.2.4　実施例の作成主体・記載内容

では，実施例に関する記載は，誰が，どのように作成すればよいのであろうか？

特許出願のための書面を作成するにあたっては，特許法施行規則などの法令に準じなければならないが，弁理士に依頼すれば法令に準じた書面を作成してくれる．しかし，弁理士でも対処が困難なものがある．それが，実施例である．実施例だけは，弁理士が一から起案することができない．

もちろん，どのような実施例を用意すべきかについて助言することはできる．実際，筆者は，用意すべき実施例について発明者と共に考えて，明細書を作成するのを得意とする．実施例に関する記載さえあれば，その他の書面を作成できることもある．

しかし，弁理士は共同発明者ではないので，実施例を記載するにあたり，具体的に何を使って，どのようにしたのかを詳細に把握することはできないのである．したがって，実施例についての記載は，発明者に依るところが大きいといえよう．

また，実施例は，追試できる程度に，その実施例に係る技術的手段が具体的に記載されていなければならない．たとえば，原材料や機器などを入手でき，さらには製造工程や実験方法などが追試できるように記載されていなければならない．要は，研究論文における「実験材料および方法（materials and methods)」の記載と同程度に記載するのである．第三者が追試できないような記載では，実施例の記載として不備があるといえよう．

実施例は，発明の数だけ用意するのが望ましい．先に述べたように，発明の本質に基づいて，発明のバリエーション（横展開）や発明の表現形式（縦展開）を考慮して，それぞれに対応する実施例を用意する．

### 4.2.5　実施例の充実の程度

繰り返すようであるが，実施例は，発明の裏付けとなるものである．したがって，実施例が記載されていない発明は，裏付けが乏しいものとみられる可能性がある．端的にいえば，「絵に描いた餅」とみなされてしまうのである．

では，発明の裏付けとして相応しい実施例とはどのようなものであろうか？　換言すれば，実施例はどの程度まで充実させればよいのであろうか？

最低限言えることは，実施例は単に数を増やせばよいというものではないということである．

たとえば，特許が取りたい発明，すなわち，請求項に係る発明として，「成分Aと，成分Bと，成分Cと，成分Dと，成分Eとからなる食品用組成物」に係る発明を想定したとする．ここで，成分A～Eは，共通する構造や機能などをもった物質の集合の総称（上位概念）である．したがって，成分Aはバリエーション（下位概念）として，物質$a^1$，$a^2$，$a^3$，・・・$a^n$を含む．同様に，成分B～Eもそれぞれバリエーションがあるとする．

このような発明の技術的範囲は，二次元的に表せば，図4-7の点線の円のようになる．この図のとおり，発明は，たった1つの点（技術）として表されるものではなく，いくつもの技術が含まれる広がりを持った円（範囲）として表されるのである．そして，円として表される発明の技術的範囲が大きくなるのか，小さくなるのかは，発明を裏付ける実施例の程度によって左右される．

そこで，この発明について次の4種の実施例を用意した場合について考えてみよう．

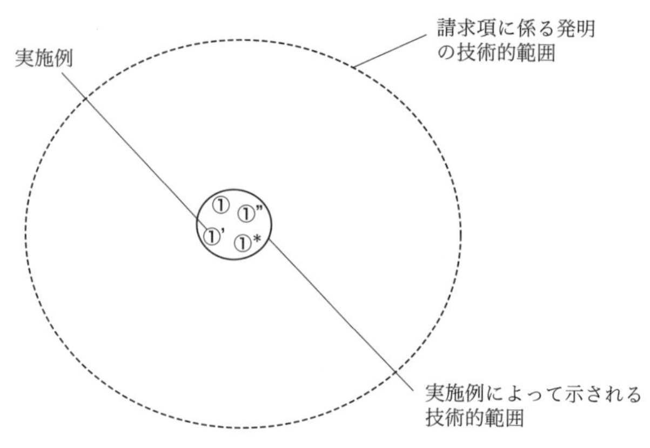


**図 4-7**　発明の技術的範囲の概念図（1）

・成分 $a^1$ と成分 $b^1$ と成分 $c^1$ と成分 $d^1$ と成分 $e^1$ とからなる食品：実施例①
・成分 $a^2$ と成分 $b^1$ と成分 $c^1$ と成分 $d^1$ と成分 $e^1$ とからなる食品：実施例①'
・成分 $a^3$ と成分 $b^1$ と成分 $c^1$ と成分 $d^1$ と成分 $e^1$ とからなる食品：実施例①"
・成分 $a^4$ と成分 $b^1$ と成分 $c^1$ と成分 $d^1$ と成分 $e^1$ とからなる食品：実施例①*

これらはいずれも共通して成分 $b^1$，$c^1$，$d^1$ および $e^1$ を含む．相違しているのは，成分 A のバリエーション（$a^1$，$a^2$，$a^3$，$a^4$）のみである．

このような場合，客観的には，実施例①，①'，①" および①*によって示される技術的範囲は，図 4-7 に示す実線の円のようになる．つまり，このような実施例によって示される技術的範囲は，「成分 A と成分 $b^1$ と成分 $c^1$ と成分 $d^1$ と成分 $e^1$ とからなる食品用組成物」に係る発明のものとみなされる可能性がある．つまり，成分 A については種々のバリエーションが認められるが，成分 B ～ E についてはバリエーションが認められず，実施例に記載のもの（$b^1$，$c^1$，$d^1$ および $e^1$）またはそれに近い物質しか認められない可能性がある．

このように，たとえ実施例が複数あったとしても，本来特許を取りたい発明の技術的範囲と，実施例によって示される技術的範囲との間に大きなギャップができてしまうケースもある．そして，請求項に係る発明について特許を取りたいと思ってみても，そのバリエーションを示す実施例がない場合は，このような発明について実施可能要件が満たされていないと判断されるであろう．

また，別の例として，「10～80％（w/w）の成分Aを含む食品用組成物」に係る発明を想定してみよう．このとき，実施例として，「10％（w/w）の成分Aを含む食品用組成物」，「12％（w/w）の成分Aを含む食品用組成物」および「15％（w/w）の成分Aを含む食品用組成物」があったとする．このケースでも実施例は複数あるが，いずれも成分Aの濃度の下限値付近という特異点に関する実施例ばかりである．

では，このような特異点についての実施例のみによって，「10～80％（w/w）の成分Aを含む食品用組成物」に係る発明は十分に裏付けられているといえるであろうか？

実務的には，「いえない」ということになる．このような実施例はすべて，請求項に係る発明に含まれる特異点に過ぎないのであるから，当業者が実施例以外の部分についてはその実施をすることができないと客観的に判断される可能性が高い．

### 4.2.6　効果的な実施例

とはいえ，実施例を複数用意するのは望ましいことである．特に，3種以上用意するのが望ましい．ただし，後述するとおり，請求項に係る発明の技術的範囲に含まれるすべてのバリエーションについて実施例を用意する必要はない．発明の本質に基づいて，発明の技術的範囲を十分に裏付け得る，適切な内容および数の実施例を用意すべきなのである．

たとえば，図4-8では，実施例である①およびその近似するもの（①'，①"，①*）のほかに，②および③を加えることによって，技術的範囲が広がった様相を表している．

実施例②や③としては，たとえば，「成分Aと成分Bと成分Cと成分Dと成分Eとからなる食品用組成物」に係る発明について，「成分 $a^2$ と成分 $b^2$

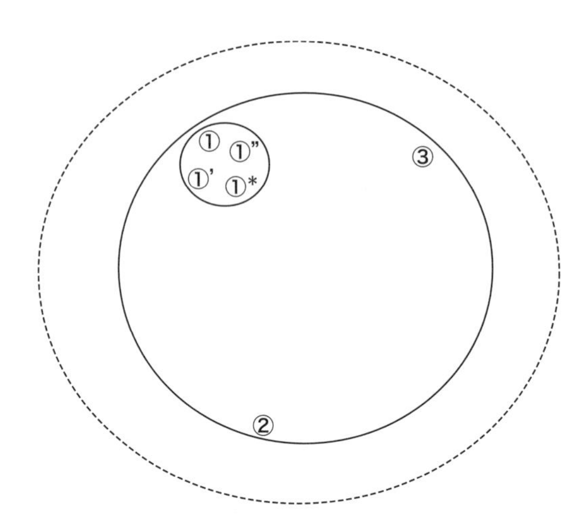


**図 4-8** 発明の技術的範囲の概念図（2）

と成分 $c^2$ と成分 $d^2$ と成分 $e^2$ とからなる食品用組成物」や，「成分 $a^3$ と成分 $b^3$ と成分 $c^3$ と成分 $d^3$ と成分 $e^3$ とからなる食品用組成物」などが挙げられよう．ただし，これらはあくまでも仮想事例であり，成分 A ～ E の 5 成分のすべてを変えた実施例を複数用意しなければならないというものではない．発明の内容に則して，技術的範囲を広げられる実施例を検討すべきである．

さらに，このような適切な内容の実施例を 4 つ，5 つと増やしていけば，これらにより示される技術的範囲がより明確になる．このときの様相を表したものが図 4-9 であり，適切な複数の実施例によって技術的範囲の境界が明確になることを示している．

図 4-8 や図 4-9 に示したように，適切な内容および数の実施例があれば，請求項に係る発明の技術的範囲と実施例によって示される技術的範囲とを近似させることができる．究極的には，それらを同一視できるようにすることも可能であろう．しかし，そのためには，数多くの実施例を莫大な時間や費用を費やして作成する必要があるが，実際的には，難しいであろう．

そこで，請求項に係る発明の技術的範囲のうち，実施例だけで埋められない部分については，発明の詳細な説明において，理論的かつ矛盾なく説明すればよい．特に，発明を構成する技術的手段のメカニズムや，発明が奏する

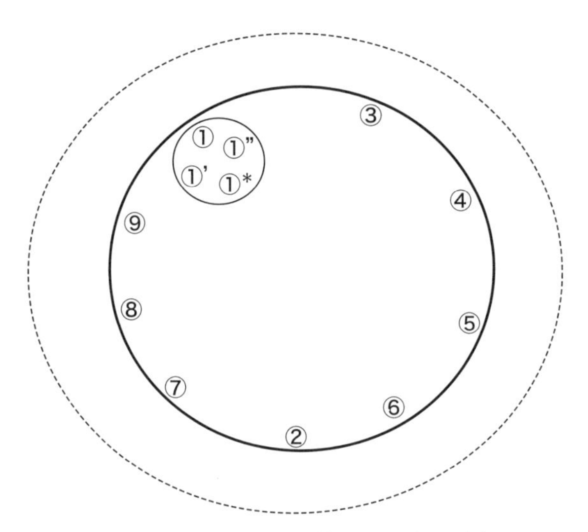


**図 4-9**　発明の技術的範囲の概念図（3）

先行技術からみた有利な効果については，発明の詳細な説明において十分かつ的確に説明するのが望ましい．このような説明と実施例とにより，請求項に係る発明の技術的範囲が定まっていくのである．

### 4.2.7　比較例は慎重に

一方，請求項に係る発明の技術的範囲と先行技術との境界を示すために，比較例を利用するという手もある．図 4-10 の×印がその比較例にあたる．請求項に係る発明の構成要件を充足しないもののうち，実施例が有する機能・作用を有し得ないもの，実施例が奏する効果より劣る効果を奏するものなどを比較例とする．このような比較例により，裏返し的に請求項に係る発明の技術的範囲を示すのである．

ただし，比較例という名のとおりに，比較例自体は請求項に係る発明の技術的範囲には含まれないと宣言することになる．つまり，第三者からみれば，請求項に係る発明について特許が取得されたとしても，比較例は特許発明とは別異なものであるのだから，比較例やこれと同一視できるものを実施する行為は，特許の侵害ではなく，第三者が自由に行える行為であるという見方ができる．このことは裁判において反論の 1 つとして利用される．作用

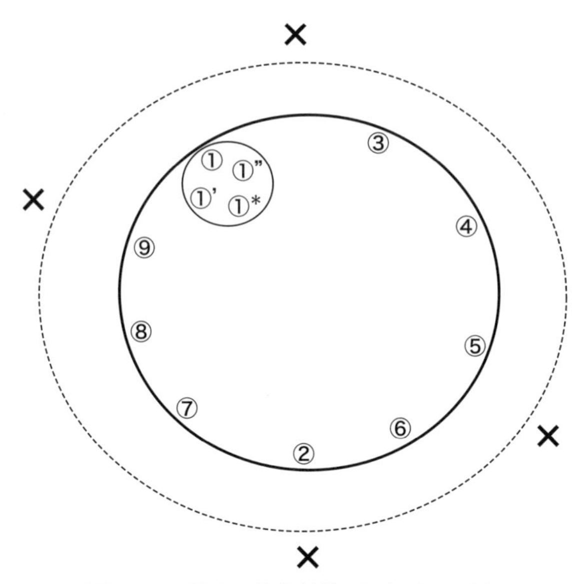


**図 4-10**　発明の技術的範囲の概念図（4）

効果不奏功の抗弁もその1つである．侵害製品は効果の程度の点から比較例に相当するので，特許発明の侵害には当たらないとの反論である．このように比較例は裁判において反論材料の1つに取り上げられる可能性があるということを念頭に置いておくべきであろう．

また，たとえば，「成分Aと，成分Bと，成分Cと，成分Dと，成分Eとからなる食品用組成物」に係る発明のように，成分の濃度などの数値範囲を請求項中になんら規定しない場合もある．それにも係わらず，「成分A～Eの濃度を所定の値に設定すると所望の効果が得られなくなる」との比較例を明細書中に記載した場合，請求項に係る発明には実施不可のものが含まれるとして，「実施可能要件を満たさない」とされる可能性があるので気をつけなければならない．

さらに，比較例として記載していても，あまりその意味をなさない場合もある．たとえば，「成分Aと，成分Bと，成分Cと，成分Dと，成分Eとからなる食品用組成物」に係る発明に対して，「成分Fと，成分Gと，成分Hとからなる食品用組成物」を比較例とする場合である．このようなものは，たとえ機能・作用や効果が類似していたとしても，成分の種類や数などの発明の構成が全く相違するのであるから，請求項に係る発明の技術的範囲を確定するのにあまり影響を及ぼさず，比較例として妥当ではないといえよう．このようなものを明細書中に記載するのであれば，「比較例」とせずに，「参考例」などとする方が望ましい．

以上のように，比較例はあくまで，請求項に係る発明の技術的範囲を定めるべく，先行技術との対比を念頭において用意すべきである．請求項に係る発明の構成要件の，どの部分について，どのような先行技術（比較例）と対比すれば，その発明の技術的範囲がどのように明確になるのか．このようなことを1つ1つ考慮して比較例を利用すべきか否かについて検討する．

ところで，比較例が有効に働くというのは，具体的にどのような場面であろうか？

それは，先に示した「10～80％（w/w）の成分Aを含む食品用組成物」に係る発明のように，数値により請求項に係る発明を特定する場合である．このような発明は数値に特徴があるので，その上限や下限が先行技術に対して意味があることを説明しなければならない．その際に，比較例が有効に働くのである．

たとえば，成分Aの濃度が10～80％（w/w）の範囲にある食品の実施例と，成分Aの濃度が10％（w/w）未満および80％（w/w）よりも大きい食品の比較例とを対比して説明するのである．もちろん，実施例としては成分Aの濃度が下限および上限に近いものを用意し，比較例としては成分Aの濃度が下限よりわずかに小さいもの，および上限よりわずかに大きいものを用意するのが好ましい．このような実施例および比較例を用意することにより，成分Aの濃度範囲の臨界的意義が明確になろう．

あと1つ比較例で注意をしたいのが，審査の過程で比較例を実施例に変更するのは難しいということである[27]．先に示したように，第三者からみれば，比較例は特許発明と別異なものであり，比較例やこれと同一視できるものを実施する行為は，特許の侵害に当たらないという見方ができる．それにもか

[27] 知財高裁平成18年6月29日判決（平成17年（行ケ）第10607号）

かわらず，当初に請求項に係る発明に属しないとした具体例である比較例を，請求項に係る発明に属する具体例である実施例としたならば，第三者が不測の不利益を被るのは明らかであろう．

以上のとおり，いかなる技術を比較例とするかは，発明の本質を見定め，市場に送り出す態様を踏まえて慎重に決定するようにしなければならない．発明を裏付ける具体例（実施例・比較例）として何が適切なのかは，その発明が属する技術分野に詳しい弁理士などの専門家とよく相談することを勧める．

### 4.2.8　実施例の記載の留意点[28]

ここでは，実施例を作成する上での留意点を列挙する．この項目の内容は非常に実務寄りなので，実際に実施例を作成する際に参照していただきたい．

これまで述べてきたとおり，実施例は，追試できる程度に，その実施例に係る技術的手段を具体的に記載しなければならない．とはいえ，複数の実施例を記載する場合は，矛盾が生じないよう重複記載を回避するのが望ましい．たとえば，「実施例2」以降について，「○○○を△△△へ変更した点以外は実施例1と同様にして調製した」といった表現を用いて，相違する点のみを記載するのである．

実験データは，定性的データなのか，定量的データなのかを明記するようにする．紛らわしい例として，層別結果を○×，数値の大小，*などの記号の数で表す場合が挙げられる．便宜的にこのように表すのは構わないと筆者は考える．しかし，少なくとも，層別の方法や，層別に用いた基準については具体的に説明すべきであろう．

実験方法の記載としては，基本的には，1つの文章には1つの「何を（インプット），どのようにして（条件），どうなった（アウトプット）」とするのが望ましい．たとえば，「○○を△△法で測定した．その結果，…だった．」とすると，第二文目（その結果，…だった．）では主語が隠れてしまう．そこ

[28] 細田芳徳著「化学・バイオ特許の出願戦略　改訂2版」，経済産業調査会，2006年，p.119-128

で，「○○は，△△法で測定した結果，…だった.」とする方が，主語が明確になり好ましい．また，別の例として，「AとBとCとを混合し，さらにDを添加した．これを…」というような記載では，混合と添加という2つの工程が1つの文章に収まっている．これでは，工程間の関係性が不明瞭であるといえるであろう．また，最後に得られたものが，「これ」という指示代名詞で表されており，不明瞭である．そこで，「AとBとCとを（どのようにして）混合し，混合物Xを得た．この混合物Xに（どのようにして）Dを添加して，混合物Yを得た．この混合物Yを…」として，混合と添加は別個の独立した工程であること，さらに添加後に得た物（混合物Y）を明記することにより，次の工程に用いられる主体を明確にすることができる．

実施例を作成する上で特に気をつけたいのが，数値を記載する場合である．たとえば，「△△%の□□溶液」などと記載する場合，その濃度の単位は質量%を指しているのか，または体積%やその他のものを指しているのかがわからない．数値を記載する場合は，それが何についての数値であり，どのような単位を有しているのかに気をつけて記載する．また，単位としてはSI単位系を用いる．数値が相対量である場合は，基準（何に対しての○%など）を明確にしなければならない．

食品の保存性（安定性）やタンパク質の分子量などのように，測定方法や試験方法によって，データ値が異なる場合がある．このような場合は，どのような測定方法（たとえば，○○法など）を用いたか，試験方法としてどのような手順・条件・評価基準を設けたのかを明記する．特に，一般的な方法ではなく，自ら構築した評価系を用いた場合は注意が必要である．

明細書中には，実施例以外にも比較例や参考例などを記載する場合もある．これらについては，明細書中の【実施例】の項に併せて記載することができる．比較例や参考例について個別に項目を設けなくてもよいが，何が実施例にあたり，どれが比較例や参考例にあたるのかを客観的に判断できるように明記するよう注意しなければならない．

実施例を記載するときは，主観的な感覚で記載してしまうものである．しかし，実施例は発明の裏付けとなるものという存在意義を考えれば，その記載は客観的な記載でなければならない．あまり実施例の記載を書く機会がないのであれば，発明を裏付ける記載として妥当なものを書くというのは難しいかもしれない．そこで，作成した実施例の記載については，弁理士などの専門家に慎重に確認してもらうのが望ましい．

## 4.3　発明の特許要件

### 4.3.1　6つの特許要件

前節では，実施例を中心として，特許明細書における発明の裏付けとなる記載について説明した．発明の裏付けとなる記載とは，発明が実施可能であることを客観的かつ具体的に説明した記載である．このような記載が明細書中にあることによって，発明は，現実性のある実施可能なものであり，「絵に描いた餅」ではないことをアピールするのである．

とはいえ，いくら具体性があっても，すでに先人によってなされた発明については特許が認められない．同様に，当業者が他の発明に基づいて容易に思いつく程度の発明についても特許は認められない．発明は，特許が認められる対象として適切なものでなければならないのである．すなわち，特許となるための要件（特許要件）を満たしてこそ，発明には特許が認められる．

特許要件は，以下に示す6要件がある．

(1) 産業上の利用可能性（特許法第29条第1項柱書）
(2) 新規性（特許法第29条第1項）
(3) 進歩性（特許法第29条第2項）
(4) 拡大された範囲の先願（特許法第29条の2）
(5) 先願（特許法第39条）
(6) 不特許事由（特許法第32条）

次節で各々について詳述する．

### 4.3.2　特許要件の概要

まず，(1) の“産業上の利用可能性”とは，条文上の「産業上利用することができる発明をした者は，…，その発明について特許を受けることができる.」との規定にあるとおり，特許を受けることができる発明は産業上利用可能なものであることを要件とするものである．この要件を満たすためには，請求項に係る発明は発明としての要件を具備しており，かつ，その発明は産業上利用することができるものでなければならない．とはいえ，家庭内での私的利用のみの発明を除けば，本要件は満たされることになる．つまり，食品発明は，工業的商業的な製造・販売を目的に創作されているのが普通である．とすると，大部分の食品発明については，産業上の利用可能性の要件を満たしているといえる．たとえば「料理のレシピ」(調理方法) については，「調理物の製造方法」などとすれば，産業上の利用可能性は満たされることになろう．

ただし1点，注意を要するのが，「人間を手術，治療又は診断する方法の発明」については産業上の利用可能性を満たさない発明とされていることである[29]．人間を手術，治療又は診断する方法は，通常，医師 (医師の指示を受けた者を含む) が人間に対して手術，治療又は診断を実施する方法であって，いわゆる「医療行為」といわれているものである．これらについては，少なくとも日本国内では，特許を認められることがない．ただし，人間を対象としなければ，特許が認められ得る．すなわち，その他の動植物を手術，治療又は診断する方法の発明については，産業上の利用可能性は満たされる．なお，米国などの一部の諸外国においては，「人間を手術，治療又は診断する方法の発明」について特許が認められ得る．とはいえ，食品発明について，「人間を手術，治療又は診断する方法の発明」に該当することは稀であるかもしれない．

特許審査において，特許要件として問題となるのは，大抵は (2) の“新規性”と (3) の“進歩性”である．これらによれば，請求項に係る発明は特許出願前に見知りされていないこと，さらにその発明は特許出願前に見知りされていた技術によって当業者により容易に思いつくことができないことが要求される．なぜ問題かといえば，これらを判断するのに際して，主観的

---

[29] 特許・実用新案審査基準　第 III 部　第 1 章　3.1.1

な要素を完全に排除することが難しいからである．この点については次節以降で詳しく述べる．

(4)“拡大された範囲の先願”および (5)“先願”については，大まかにいえば，発明が同一である場合，最先の特許出願に係る発明のみが特許付与の対象となることを規定するものである．この要件があることにより，わが国では，他者の技術開発動向に注意して，他者に先んじて特許出願しなければならないという先願主義が採用されていることを明確にする．

(6) の“不特許事由”は，発明が公序良俗等を害するものであることが明らかであるものは，特許を認めないという要件である．食品発明が不特許事由に該当するという例はほとんどないであろう．

特許を受けようとする発明は，これら6つの特許要件を満たした上で晴れて特許が付与される．そのため，6つのいずれをも軽視することはできない．

とはいえ，食品発明の多くは産業上の利用可能性の要件を満たすものであり，不特許事由に該当するということは稀である．特に，実施例として実現されている食品発明は，実施可能であることを説明する客観的かつ具体的な根拠を伴うものなので，産業上の利用可能性を満たす可能性はますます高くなる．また，開発したものをいち早く特許出願しようという姿勢でいれば，最先の特許出願を実現することもできよう．

結局のところ，特許要件において重視されるべきものは，「新規性」および「進歩性」ということになる．そこで4.4節では，まず「新規性」とはどういう要件なのか解説する．

## 4.4 新 規 性

### 4.4.1 新規性の概要

「特許を受けることができる発明は，新規なものに限られる」―これが新規性の要件である．では，“新規なもの”とはどういうものであろうか？

残念ながら，特許法上において，新規性のある発明とはこういうものである，という規定はない．これとは逆に，新規性を喪失する理由は3類型あり，これに該当しないものが新規性を有する発明であるということになる（特許法第29条第1項柱書）．

新規性がない発明の3類型とは，以下のとおりである（特許法第29条第1項第1～3号）．

(1) 特許出願前に日本国内又は外国において公然知られた発明
(2) 特許出願前に日本国内又は外国において公然実施をされた発明
(3) 特許出願前に日本国内又は外国において，頒布された刊行物に記載された発明又は電気通信回線を通じて公衆に利用可能となった発明

これらの発明に共通するのは，時期が「特許出願前」であり，場所は「日本国内又は外国」という点である．「特許出願前」とは，厳密に出願の日付だけでなく，時分までも考慮される．また，「日本国内又は外国」とは，宇宙空間はさておき，事実上全世界と考えてよいであろう．

以下，各々について詳しくみていく．

### 4.4.2 公然知られた発明

新規性がない発明の第1の類型は，(1)“特許出願前に日本国内又は外国において公然知られた発明”である．ここでいわれている「公然知られた発明」とは，“不特定の者に秘密でないものとしてその内容が知られた発明”を意味する[30]．キーワードは「秘密」である．

特に注意を要するのが，発明を開示する必要がある場合である．“公然知られた発明”になるのを回避するためには，開示する相手方を守秘義務を負うものに限定し，かつ，その相手方には発明が秘密であるものと知らせなければならない．

たとえば，会社によっては，定期的に研究成果（発明）を発表して情報を共有する報告会がある．このような会への参加者が守秘義務を負った者に限られる場合，その参加者に知られることとなった発明は“公然知られた発明”に該当しない．ただし，会の開催に先立ち，研究成果は秘密であるものと宣言し，発表資料には「社外秘」などと標記し，可能であれば発表後に資

[30] 特許・実用新案審査基準　第III部　第2章　第3節　3.1.3項

料を回収・管理する体制を整えるなどして，研究成果の秘密を維持する万全の方策を設けるのが望ましい．

また，特許を受ける可能性のある発明について，2社以上で共同開発を行っている場合は，研究成果について秘密保持契約（Non Disclosure Agreement；NDA）を締結した上で，それぞれの情報を共有すべきである．

一方，学会誌などの原稿の場合，一般に，原稿が受け付けられても不特定の者に知られる状態に置かれるものではない．そこで，その原稿の内容が公表されるまでは，その原稿に記載された発明は“公然知られた発明”とはならないと考えられている．

よく問題となるのが，大学内での卒業論文発表会である．発表会には，教員や実際に研究に携わった者のみならず，学内の低学年の学生や他学部の学生，なかには大学OB・OGが参加できる場合もある．このような発表会において，何の措置もとらずに，発表された研究成果が“公然知られた発明”に該当しないというのは無理があろう．

そのため，「秘密」を保持するために卒業論文発表会の前に特許出願をする――これが大原則である．これが難しい場合は，少なくとも会への参加者を制限し，参加者には事前に秘密保持に関する書面を閲覧させた上で，その書面に日付・住所・氏名などを記載させて，発表内容について守秘義務を負うことを認知させるべきである．また，発明内容が秘密であるものとするのを徹底するために，発表資料には「学外秘」などの標記をし，発表の理解を助ける資料は会終了後に回収するのが望ましい．

ただし，このようにすれば卒業論文発表会で発表された発明が“公然知られた発明”には該当しないようになる，と断言するのは難しい．そのためにも，“発表の前には特許出願”――これを合い言葉にして，本来特許が受けられる発明であるにもかかわらず，その機会をみすみす逃す結果にならないように気をつけていただきたい．

### 4.4.3　公然実施をされた発明

次に，新規性がない発明の第2の類型は，“特許出願前に日本国内又は外国において公然実施された発明”である．

たとえば，包丁の実演販売をイメージしてみてほしい．消費者を面前にして，野菜をスッパスッパと切って，その切れ味の良さをアピールする．ときには，その包丁がなぜよく切れるのか，説明を交えながら実演する場合もあろう．この行為は，まさに包丁を“公然実施している”といえる．

“公然実施された発明”というのは，上記のような実演販売された包丁のように，不特定の者に対して，発明の内容が公然知られる状況または公然知られるおそれのある状況で使用，製造，販売等の実施をされた発明を意味する．ポイントは，“不特定の者”にある．不特定の者に該当するか否かは，前節と同様，その者の守秘義務の有無が問題となる．

また，公然知られる状況だけではなく，公然知られるおそれのある状況であっても，公然知られたことになることに注意を要する．

たとえば，装置の発明について考えてみる．工場においてその装置の製造状況を不特定の者に見学させた場合，その製造状況を見たとしても製造工程の一部については装置の外部を見てもその内容を知ることができないものであり，しかも，その部分を知らなければその装置の発明全体を知ることはできない場合を想定する．この場合において，見学者がその装置の内部を見ることが禁じられていない状況，または内部について工場の人に説明してもらうことが可能な状況にある装置の発明は，発明の内容が公然知られるおそれのある状況にある発明といえよう[31]．

### 4.4.4 頒布された刊行物

新規性がない発明の第3の類型は2つに分けられる．その一方が，“特許出願前に日本国内又は外国において，頒布された刊行物に記載された発明”である．ここでは“頒布された刊行物に記載された発明”について説明する前に，まずは“頒布された刊行物”について考えてみよう．

「頒布された刊行物」には，新聞や学会誌のように，不特定の者が見得るような状態に置かれた刊行物が該当する．したがって，「頒布された刊行物」というのに，現実に誰かがその刊行物を見たという事実は必要とされない．

[31] 特許・実用新案審査ハンドブック 第III部 第2章 3213項

また，刊行物の種類は問われず，公開目的で複製された文書，図面といった紙媒体のほかに，電子媒体を含めた情報伝達媒体全般が刊行物とみなされる．「頒布された刊行物」といわれないためには，原本となる文書を，その閲覧や複製を制限するなどして，不特定の者に触れられないような秘密の状態を保つなどの方策を講じなければならないであろう．

ところで，いくら頒布された刊行物でも，特許出願の後に頒布されていれば，新規性を喪失した発明を記載するものとして，特許審査において引用されることはない．そこで，刊行物が頒布された時期が問題となる．

たとえば，刊行物に発行の年のみが記載されている場合は，その発行時期はどのように扱われるのであろうか？　このような場合，刊行物が頒布された時期は，その刊行物に記載された年の末日（つまり，12月31日）と推定される[32]．また，刊行物に発行時期が記載されていない場合は，たとえば，その刊行物に関連した書評，抜粋，カタログなどを掲載したものがあるときは，それらの発行時期から刊行物の頒布時期を推定する．

さらに，特許出願の日と刊行物の発行日とが同日という場合も考えられる．この場合は，特許出願の時が刊行物の発行の時よりも後であることが明らかな場合のほかは，頒布時期は特許出願前であるとはしない．とはいえ，たとえば，国内の学会の予稿集に特許出願しようとする発明が記載されており，その学会の受付の開始が午前10時であり，かつ，受付と同時に予稿集が手渡される場合，その特許出願が通信履歴のわかる電子出願により同日の午後1時にされたときは，その特許出願に係る発明は“特許出願前に日本国内において頒布された刊行物に記載された発明”に該当すると認定されるであろう．このような状況を考慮すれば，特許出願は刊行物の発行日より前にする，というのが原則である．

### 4.4.5　刊行物に記載された発明

“頒布された刊行物”については上記のとおりであるが，次に，“刊行物に記載された発明”について触れる．実はこれを説明するのがなかなか難し

---

[32] 特許・実用新案審査基準　第III部　第2章　第3節　3.1.1項

い.

教科書的にいうと，刊行物に記載された発明とは，“刊行物に記載されている事項および記載されているに等しい事項から把握される発明”をいう．つまり，刊行物に記載された発明とは，刊行物に記載されている事項から直接的に導き出せる発明のみならず，刊行物に記載されている事項から特許出願時における技術常識を参酌することにより導き出せるものを含むのである．

技術常識は，“当業者に一般的に知られている技術（周知技術，慣用技術を含む）または経験則から明らかな事項をいう”とされているが，実際には刊行物に記載されている事項からどの程度まで拡張して発明を導き出せるかは一概にはいえない．個別具体的に判断されるというのが実情である．

実務的には，特許出願するのに際して，刊行物に記載された発明を広く解釈する利益はないので，刊行物から直接的に導き出せる発明についてまずは目を向けるべきであろう．ただし，刊行物に記載された発明であるか否かを，過度に限定的に解釈することは避けるべきである．

### 4.4.6 電気通信回線を通じて公衆に利用可能となった発明

新規性がない発明の第 3 の類型のもう一方は，“特許出願前に日本国内又は外国において，電気通信回線を通じて公衆に利用可能となった発明”である．

“電気通信回線を通じて公衆に利用可能となった発明”とは，インターネットなどの双方向に通信可能な電気通信回線を通じて不特定の者が見得るような状態に置かれたウェブページ等に掲載された発明をいう[33]．

具体例としては，インターネットのウェブページ上に掲載された発明であって，そのウェブページが他の公知のウェブページからリンクをたどって到達可能であったり，Google などの検索エンジンに登録されていたり，アドレス（URL）が雑誌や新聞などの公衆への情報伝達手段に掲載されたりしており，かつ公衆からのアクセス制限がなされていない発明などが挙げられ

[33] 特許・実用新案審査基準 第 III 部 第 2 章 第 3 節 3.1.2 項

る．ウェブページについても，先ほどの“頒布された刊行物”と同様に，現実に誰かがアクセスしたという事実は必要とはされない．

電気通信回線を通じて公衆に利用可能となった発明については，実際に特許出願前に発明の内容そのものが掲載されていたのか，という点が問題になる．発明内容が掲載された実際の日時と，ウェブページ上での表示日時との間で食い違いが生じる場合があるからである．

インターネット等に載せられた情報は改変が容易であることから，発明の内容が表示されている掲載日時にそのとおりに掲載されていたかどうかが疑わしい場合がある．したがって，電気通信回線を通じて公衆に利用可能となった発明の掲載元は，表示されている掲載日時に発明の内容がそのまま掲載されていた点についての疑義が低いと考えられるウェブページが中心となる．そのようなウェブページとしては，たとえば，刊行物等を長年出版している出版社，研究活動の内容や研究成果の概要等を掲載している省庁などの公的機関，標準規格等についての情報を掲載している標準化機関等の国際機関，学会や大学等の電子情報（研究論文等）を掲載している学会，大学等の学術機関などのウェブページなどが挙げられる．

なお，ウェブページへのアクセスにパスワードが必要である場合や，そのアクセスが有料である場合でも，発明の内容がインターネットに載せられており，その存在および存在場所を公衆が知ることができ，かつ，不特定の者がアクセス可能であれば，“公衆に利用可能”な情報であるといえる[34]．

一方で，インターネットに載せられてはいるが，アドレスが公開されていないために，偶然を除いてはアクセスできないホームページ上の情報や，情報にアクセス可能な者が特定の団体・企業の構成員等に制限されており，かつ，部外秘の情報の扱いとなっているもの，たとえば，社員のみが利用可能な社内システム等は，公衆に利用可能な情報であるとは言い難いとされている．また，情報の内容が通常解読できないよう暗号化されているものや，公衆が情報を見るのに充分な時間公開されていないもの（たとえば，短時間だけインターネット上で公開されたもの）についても同様に扱われる．

---

[34] 特許・実用新案審査ハンドブック　第III部　第2章　3208項

このように，“特許出願前に日本国内又は外国において電気通信回線を通じて公衆に利用可能となった発明”を有効なものとして認定するのは難しい．このような発明についてはいくつかの問題点があることを知っておいてほしい．

### 4.4.7 引用発明の適格性

ここで，少し特許審査について触れておく．

特許審査において新規性は，請求項に係る発明（本願発明）と，新規性を喪失している発明として引用する発明（引用発明）との対比によって判断される．本願発明が引用発明に相当する場合は，「本願発明は新規性がない」と判断される．それとは逆に，本願発明と引用発明との間に相違する事項（相違点）があれば，本願発明は引用発明との関係で「新規性がある」と判断されることになる．

特許審査において，新規性を喪失している発明として引用されるものの大部分を占めるのは，特許法第29条第1項第3号に規定する，“特許出願前に日本国内又は外国において頒布された刊行物に記載された発明”である．

しかし，このような発明が引用発明としての適格性を有するか否かについて，一考の余地がある場合が多い．一見すると刊行物に記載されている事項から把握される発明であったとしても，引用発明とみなされない場合がある[35]．すなわち，刊行物の記載や特許出願時の技術常識に基づいて，“物の発明”については当業者がその物を作れることが明らかでない場合，“方法の発明”については当業者がその方法を使用できることが明らかでない場合は，“刊行物に記載された発明”とはみなされない．そこで，引用発明の認定に際しては，形式論に終始せず，刊行物に記載されている事項から導き出し得る発明が何か，といった発明の本質を的確に捉えるよう注意しなければならない．

たとえば，刊行物に化学物質名または化学構造式によりその化学物質が示されている場合において，当業者が特許出願時の技術常識を参酌しても，

---

[35] 特許・実用新案審査基準　第III部　第2章　第3節　3.1.1項

当該化学物質を製造できることが明らかであるように記載されていないときは，当該化学物質は「引用発明」とはならない[36]．食品発明について当てはめるために，「成分Aと成分Bと成分Cとからなる飲料X」に係る発明を想定してみよう．成分A～Cは，共通する構造や機能などをもった物質の集合の総称（上位概念）である．よって，成分Aはバリエーション（下位概念）として物質$a^1$，$a^2$，$a^3$，…$a^n$を含む．同様に，成分BおよびCもそれぞれバリエーションがある．刊行物は特許文献であり，請求項1に“飲料Xに係る発明”そのものが記載されているが，実施例として記載されているのは「成分$a^1$と成分$b^1$と成分$c^1$とからなる飲料$x^1$」のみであったとする．この場合，当業者が本願出願時の技術常識を参酌しても，飲料$x^1$以外のもの，たとえば，「成分$a^2$と成分$b^2$と成分$c^2$とからなる飲料$x^2$」を製造できない場合は，少なくともこの飲料$x^2$については引用発明とはされない．飲料Xのうち，飲料$x^1$と本願出願時の技術常識とに基づいて製造できる発明のみを引用発明とみなすのが妥当だからである．

とはいえ，実務的には単に「飲料$x^2$の製造例が刊行物に記載されていないから，このような食品は引用発明とみなされない」と主張するのは難しい．飲料$x^2$を製造できない合理的な理由，たとえば飲料$x^2$の製造が不可能であるとする科学的根拠などが必要であろう．

### 4.4.8 上位概念と下位概念

刊行物に記載された発明が，請求項に係る発明からみて上位概念になるのか下位概念になるのかによって，その発明の引用発明としての適格性の判断が変わってくる．

たとえば，増粘安定剤を含むことに特徴があるドレッシングAとキサンタンガムを含むことに特徴があるドレッシングaを考えてみよう．ここで，キサンタンガムは増粘安定剤の一種であるから，概念的には増粘安定剤に包含される．そうすると，これらの関係性において，増粘安定剤は上位概念であり，キサンタンガムは下位概念であることから，ドレッシングAは上位

---

[36] 特許・実用新案審査ハンドブック 第III部 第2章 3206項

概念であり，ドレッシングaは下位概念である関係にある，といえる．

ここで，刊行物には増粘安定剤を含むドレッシングA（上位概念）についての記載しかなく，請求項に係る発明であるキサンタンガムを含むドレッシングa（下位概念）について記載がない場合は，刊行物にはキサンタンガムを含むドレッシングaが開示されていることにはならないため，原則として刊行物からドレッシングaは認定できないとされる．

一方，刊行物にキサンタンガムを含むドレッシングa（下位概念）が記載されている場合は，その上位概念である増粘安定剤を含むドレッシングAをその具体的態様であるドレッシングaとして既に開示していることになる．したがって，刊行物からドレッシングAを認定できるとされる．

このように，刊行物に記載された発明が請求項に係る発明からみて下位概念である場合は，請求項に係る発明は引用発明により新規性がない，と判断される可能性が高いということに注意していただきたい．

## 4.5 進 歩 性

### 4.5.1 進歩性の概要

特許を受けるためには，発明は新規なものであることのみならず，発明をするに際して困難性を有するものでなければならない．正確には，特許出願前に当業者が新規性を喪失している発明に基づいて容易に発明をすることができたとき，その発明については，特許を受けることができないとされている（特許法第29条第2項）．これが進歩性である．

進歩性を判断する時期的基準は，新規性のそれと同じ特許出願の「時」が基準となる．また，進歩性の判断の基準は，新規性のそれとは少し異なり主体的基準が入り得る．これは，当業者の視点から進歩性が判断されるからである．新規性の判断に際しては，特許を受けようとする発明である本願発明が，新規性を喪失している発明に該当するかどうかという客観的な事実が問題となる．それに対して，進歩性については，本願発明が新規性を喪失している発明に基づいて容易に想到し得るかという判断は，当業者の視点を通じてなされるのである．

### 4.5.2 当 業 者

当業者とは，“本願発明の属する技術の分野における通常の知識を有する者”をさす．具体的には，当業者は，①本願発明の属する技術分野の出願時の技術常識を有していること，②研究開発のための通常の技術的手段を用いることができること，③材料の選択，設計変更等の通常の創作能力を発揮できること，④本願発明の属する技術分野の出願時の技術水準にあるもの全てを自らの知識とすることができ，発明が解決しようとする課題に関連した技術分野の技術を自らの知識とすることができること，という条件を備えた者をいうとされている[37]．当業者は，個人よりも，複数の技術分野からの「専門家からなるチーム」として考えた方が適切な場合もある．

個人にしろ，チームにしろ，ある意味，技術能力について想像を凌駕する当業者について，どのように捉えればよいのであろうか？　実際のところ，当業者の有する技術力や応用力などについて，あれこれと思考を巡らす実益は乏しい．当業者は決して侮ることができない優れた技術者であるという程度に認識しておけばよい．それよりも，進歩性の判断に際しては，本願発明が新規性を喪失している発明に基づいて容易に想到し得ること（発明の容易想到性）について，本願発明と新規性を喪失している発明として引用される引用発明との関係性に重点を置いて考えるのが得策である．

### 4.5.3 本願発明および引用発明の認定

進歩性の判断は，先行技術の中から論理付けに最も適した1つの引用発明を選んで主引用発明とし，所定の手順により，主引用発明から出発して，当業者が請求項に係る発明に容易に到達する論理付けができるか否かにより行われる．

論理付けの具体的な手順は，以下の図4-11のとおりである．

図4-11にあるとおり，進歩性の判断は，本願発明および引用発明の認定

[37] 特許・実用新案審査基準　第III部　第2章　第2節

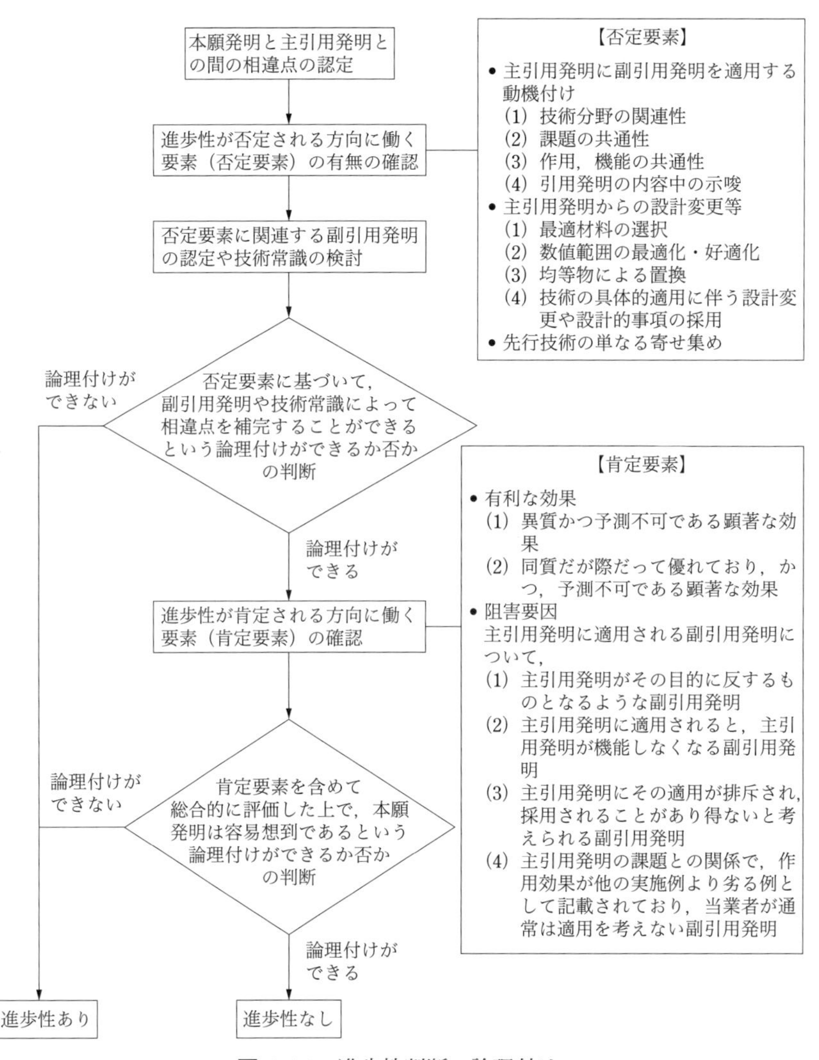


**図 4-11** 進歩性判断の論理付け

からはじまる．実務的には，この認定は具体性をもってすることが好ましい．本願発明および引用発明について，具体像を描くことなく曖昧に捉えてしまうと，以降の手順に綻びが生じる危険性がある．したがって，本願発明はコレ，引用発明はコレと，具体性をもってそれぞれを認定するのが望ましい．

本願発明とは，特許請求の範囲に記載されている各請求項に係る発明をいう．「明細書から把握される発明」ではなく，「請求項に係る発明」というのがポイントである．それに対して，引用発明は新規性を喪失している発明であって，本願発明に関連の深いものをいう．引用発明は，多くの場合，特許出願前に日本国内または外国において頒布された刊行物に記載された発明から選ばれるであろう．また，引用発明は，1つである場合もあるし，2つ以上である場合もある．これは本願発明の具体化の程度によっても変わってくる．本願発明の技術的範囲が狭いのであれば引用発明の数は少なくなり，本願発明の技術的範囲が広いのであれば引用発明の数は多くなる．

ここで重要なのは，引用発明を具体的なものとして捉えることである．よくある誤りは，本願発明の一部が刊行物に記載されていたからといって，その一部をそのまま引用発明とすることである．刊行物に記載されている発明の全体像を捉えるのではなく，その一部の事項をもって引用発明としてしまうのである．引用発明となり得るものは何か，その引用発明はどういう要素により成り立っているのか．引用発明の認定に際しては，その要素（手順）の内容・数・順序などを見極めて，それらの関係性を考慮した上で，最終形態である引用発明を，刊行物の記載事項に基づいて具体的に把握することが肝要である．

### 4.5.4　引用発明の選択

本願発明および引用発明を認定した後は，論理付けに最も適した1つの主引用発明を選び，本願発明と主引用発明とを対比する手順に移る．

主引用発明を選ぶ基準は相対的なものである．引用発明としたものの中から，本願発明とより関係性の深いと思われるものが選ばれる．ときには，その選択に誤りもあろう．その場合は新たに選択し直せばよい．

本願発明と引用発明との対比は厳密に行われるべきである．本願発明を構成する要件と引用発明の要素事項とを対比し，一致点および相違点を明らかにする．具体的には，本願発明を技術的観点から分説し，分説した各構成要件について同じく分説した引用発明の各要素事項とを対比させ，それぞれ一

**表 4-1** 対比表

<table>
<tr><th></th><th>本願の請求項1に係る発明</th><th>引用発明 1</th><th>引用発明 2</th><th>引用発明 3</th></tr>
<tr><td rowspan="3">課題</td><td></td><td></td><td></td><td></td></tr>
<tr><td></td><td></td><td></td><td></td></tr>
<tr><td></td><td></td><td></td><td></td></tr>
<tr><td rowspan="5">構成</td><td></td><td></td><td></td><td></td></tr>
<tr><td></td><td></td><td></td><td></td></tr>
<tr><td></td><td></td><td></td><td></td></tr>
<tr><td></td><td></td><td></td><td></td></tr>
<tr><td></td><td></td><td></td><td></td></tr>
<tr><td rowspan="3">効果</td><td></td><td></td><td></td><td></td></tr>
<tr><td></td><td></td><td></td><td></td></tr>
<tr><td></td><td></td><td></td><td></td></tr>
<tr><td colspan="2">阻害要因</td><td></td><td></td><td></td></tr>
</table>

致する点があるか，相違する点は何かを突き止める．たとえば，表 4-1 に示すような本願発明と引用発明とを対比させた対比表を作ることができれば最善である．

なお，表 4-1 は，発明の「構成」の他に，「課題」および「効果」についても対比するよう作成してある．可能であれば，構成，課題および効果のそれぞれについて対比するのが望ましい．さらに同表では，主引用発明を「引用発明 1」としているが，その余の引用発明（表中の「引用発明 2」および「引用発明 3」）についても対比するのが望ましいであろう．なお，同表の「阻害要因」とは，引用文献に記載されている事項であって，本願発明を構成するに際して複数の引用発明の組み合わせを阻害する要因となるものである．これについては4.5.7節で述べる．

さて，対比表を作るなどして本願発明と引用発明とを対比すれば，両者の一致点および相違点が客観的に理解できる．進歩性の判断は，これらの情報に基づいて，対比させた引用発明や他の引用発明の内容および技術常識から，本願発明に対して進歩性の存在を否定し得る論理の構築を試みることによりなされる．他の引用発明としては，刊行物に記載されている発明などのほかに，よく知られている周知技術，通常用いられている慣用技術も含まれる．

このような論理の構築によって本願発明の進歩性は判断されるが，ここでは本願発明の進歩性の存在を「否定」し得る論理であることに気をつけなければならない．つまり，本願発明と引用発明との間に相違点があるからといって，進歩性の存在が直ちに「肯定」されるわけではないのである．その相違点が当業者によって容易に想到できる範囲のものであれば，本願発明の進歩性は否定される．そのことを明らかにするための論理付けなのである．

### 4.5.5 進歩性が否定される方向に働く要素

先に図4-11に示したとおり，本願発明が容易想到であるという論理付けは，①進歩性が否定される方向に働く要素（否定要素）に基づいて判断する段階と，②進歩性が肯定される方向に働く要素（肯定要素）に基づいて判断する段階の2段階に分けて判断される．このうち，否定要素としては，以下に挙げるものがある．

(a) 主引用発明に副引用発明を適用する動機付け

主引用発明に副引用発明を適用したとすれば，請求項に係る発明に到達する場合には，その適用を試みる動機付けがあることは，進歩性が否定される方向に働く要素となる．

主引用発明に副引用発明を適用する動機付けの有無は，以下の（i）～（iv）の動機付けとなり得る観点を考慮して総合的に判断される．

（i）技術分野の関連性

主引用発明の課題解決のために，主引用発明に対して，主引用発明に関連する技術分野の技術手段の適用を試みることは，当業者の通常の創作能力の発揮である．たとえば，主引用発明に関連する技術分野に置換可能，または付加可能な技術手段があることは，当業者が本願発明に導かれる動機付けがあるというための根拠となる．

ただし，実務上は，主引用発明と副引用発明との間に技術分野の関連性があるというだけで動機付けがあるというのは不十分であり，通常は以下の（ii）～（iv）の観点も併せて考慮される．

（ii）課題の共通性

主引用発明と副引用発明との間で課題が共通するということは，主引用発明に副引用発明を適用して当業者が本願発明に導かれる動機付けがあるというための根拠となる．

また，本願出願時において，当業者にとって自明な課題または当業者が容易に着想し得る課題が共通する場合も，課題の共通性は認められる．主引用発明や副引用発明の課題が自明な課題または容易に着想し得る課題であるか否かは，本願出願時の技術水準に基づいて把握される．

ここで注意を要するのは，課題の共通性は主引用発明と副引用発明との間について評価される点である．本願発明の課題は主引用発明や副引用発明の課題と共通しないという主張は，主引用発明と副引用発明との結び付きを否定する上では有効でない場合が多い．

（iii）作用・機能の共通性

主引用発明と副引用発明との間で，作用・機能が共通することは，主引用発明に副引用発明を適用したり結び付けたりして，当業者が本願発明に導かれる動機付けがあるというための根拠となる．

（iv）引用発明の内容中の示唆

引用発明の内容中において，主引用発明に副引用発明を適用することに関する示唆があれば，主引用発明に副引用発明を適用して当業者が本願発明に導かれる動機付けがあるというための有力な根拠となる．

(b) 設計変更等，先行技術の単なる寄せ集め

本願発明と主引用発明との相違点について，一定の課題を解決するための，①公知材料の中からの最適材料の選択，②数値範囲の最適化または好

適化，③均等物による置換，④技術の具体的適用に伴う設計変更や設計的事項の採用（設計変更等）をすることにより，主引用発明から出発して当業者が相違点に対応する構成に到達し得ることは，進歩性が否定される方向に働く要素となる．

一方，発明を構成する要素技術の各々が公知であり，互いに機能的または作用的に関連していない場合は，先行技術の単なる寄せ集めという．そして，本願発明が各要素技術の単なる寄せ集めである場合は，本願発明は当業者の通常の創作能力の発揮の範囲内でなされたものとして，進歩性が否定される．

さらに，主引用発明の内容中に設計変更等や先行技術の寄せ集めについての示唆があることは，進歩性が否定される方向に働く有力な事情となる．

### 4.5.6　本願発明の有利な効果

進歩性判断の論理付けにおいて，否定要素に基づいて，本願発明の進歩性を否定する論理付けができるからといって，直ちに本願発明の進歩性が否定されるわけではない．進歩性が肯定される方向に働く要素（肯定要素）も含めて総合的に評価した上で，最終的に本願発明の進歩性を否定する論理付けができるか否かが判断される．

進歩性の肯定要素としては，本願発明が奏する，引用発明と比較した有利な効果がある．有利な効果が，本願特許明細書等の記載から明確に把握される場合は，進歩性が肯定される方向に働く事情として，参酌される．

ここで，引用発明と比較した有利な効果とは，発明を特定するための事項によって奏される効果（特有の効果）のうち，引用発明の効果と比較して有利なものをいう．

ただし，引用発明と比較した有利な効果があるからといって，直ちに本願発明の進歩性が肯定されるわけではない．「参酌」とあるように，引用発明と比較した有利な効果を取り入れてなお，当業者が本願発明に容易に想到できたことの論理付けが試みられる．本願発明が引用発明と比較して有利な効果を有していても，当業者が本願発明に容易に想到できたことが十分に論理付けられたときは，進歩性は否定されるのである．

ただし，引用発明と比較した有利な効果が，たとえば，以下の（ｉ）または（ii）のような場合に該当し，技術水準から予測される範囲を超えた顕著なもの（格別顕著な効果）であることは，進歩性が肯定される方向に働く有力な事情になる．

（ｉ） 請求項に係る発明が，引用発明の有する効果とは異質な効果を有し，この効果が出願時の技術水準から当業者が予測することができたものではない場合

（ii） 請求項に係る発明が，引用発明の有する効果と同質の効果であるが，際だって優れた効果を有し，この効果が出願時の技術水準から当業者が予測することができたものではない場合

引用発明と比較した有利な効果は，本願の明細書の記載から明確に把握されることが前提である．したがって，引用発明と比較した有利な効果が参酌される場合というのは，①その効果が明細書に記載されている場合，②その効果は明細書に明記されていないが，明細書等の記載から当業者がその効果を推論できる場合，である．このような場合は，審査の過程で提出する意見書等において主張・立証（たとえば実験結果）された効果が参酌される．したがって，本願の出願後であっても，本願発明が奏する引用発明と比較した有利な効果を主張・立証できるよう準備を整えておくべきである．

### 4.5.7 阻害要因

肯定要素のもう１つが，阻害要因である．

副引用発明を主引用発明に適用することを阻害する事情があることは，論理付けを妨げる要因（阻害要因）として，進歩性が肯定される方向に働く要素となる．

阻害要因の例としては，副引用発明が以下のようなものであることが挙げられる．

（ｉ） 主引用発明に適用されると，主引用発明がその目的に反するものとなるような副引用発明

（ii） 主引用発明に適用されると，主引用発明が機能しなくなる副引用

発明

（iii） 主引用発明がその適用を排斥しており，採用されることがあり得ないと考えられる副引用発明

（iv） 副引用発明を示す刊行物等に副引用発明と他の実施例とが記載または掲載され，主引用発明が達成しようとする課題に関して，作用効果が他の実施例より劣る例として副引用発明が記載または掲載されており，当業者が通常は適用を考えない副引用発明

また，一見すると主引用発明や副引用発明となり得るものが刊行物に記載されていたとしても，同じ刊行物の中に，本願発明に容易に想到することを妨げるほどの記載があれば，そのような発明は，引用発明としての適格性を欠く場合がある．このような場合は，引用発明としての基礎を築くことができなくなり，このような発明に基づいて本願発明の進歩性は否定されないことになる．

刊行物中に阻害要因となる記載がないかどうか，表4-1に示した対比表を作成する際は，ぜひ刊行物を精査していただきたい．

ただし，課題が異なるなど，一見，論理付けを妨げるような記載があったとしても，技術分野の関連性や作用，機能の共通性といった他の観点から論理付けが可能である場合には，引用発明としての適格性は損なわれない．したがって，阻害要因となる記載とは，本願発明をなすのと逆の教示（teaching away）を与えるような記載であろう．客観的にみてそのように把握できる記載が，阻害要因となり得る．

### 4.5.8　進歩性の判断における留意事項

以下に，進歩性判断の際における留意事項について列挙する．

(1) 審査官の心証形成

審査官は，本願発明が新規性・進歩性を有していないとの心証を得た場合は，本願発明が新規性・進歩性の違反により，特許を受けることができない旨の拒絶理由を通知する．逆に，本願発明が新規性・進歩性を有していないとの心証を，審査官が得られない状態になった場合は，拒絶理由は解消する．

したがって，特許実務上は，本願発明が新規性・進歩性を有しているか否かわからないというグレーな状態に審査官が至れば，新規性・進歩性の観点の拒絶理由は解消されることになる．

(2) 後知恵

進歩性の判断は，本願発明の知識を得た上でなされる．そこで，本来であれば“主引用発明”から出発して本願発明の容易想到性を評価しなければならないところ，未だ世に知られていない“本願発明”から出発して主引用発明と副引用発明とを組み合わせるという誤りを審査官は犯しがちである．いわゆる，後知恵である．

引用発明は，その発明が示されている刊行物に依拠して，その刊行物の文脈に沿って理解されなければならない．しかし，審査官は，本願発明の知識を得た上で先行技術を開示する刊行物の内容を理解するので，本願の明細書等の文脈に沿って刊行物の内容を曲解してしまうのである．

大事なのは，進歩性の判断は，“主引用発明”から出発する，ということである．

(3) 周知技術・慣用技術

特許業界において，周知技術および慣用技術とよばれるものがある．これらはそれぞれ個別の概念をもつが，これらについてよくあるのが，既に知られている技術を直ちに周知技術や慣用技術とみなしてしまう誤りである．発明者側は，安易に既知の技術を周知技術や慣用技術というのを避けるべきである．ある特定の技術を特許明細書に記載する際は，「○○（刊行物名）に記載の技術」や「審査官殿が周知技術（慣用技術）とされた技術」とすべきであろう．

(4) 選択発明

本願発明の発明特定事項が，形式上または事実上の選択肢を有する場合がある．これを選択発明という．この場合，選択肢中のいずれか1つのみを発明特定事項と仮定したときの本願発明について，引用発明と対比し，進歩性を否定する論理付けを行う．論理付けができるのであれば，原則どおり，本願発明の進歩性は否定されることになる．

(5) 物の発明

物自体の発明が進歩性を有するときは，その物の製造方法およびその物の用途の発明は，原則として進歩性を有する．

(6) 商業的な成功

商業的成功や，長い間その実現が望まれていた等の事情は，進歩性が肯定される方向に働く事情があることを推認するのに役立つ二次的な指標として参酌され得る．ただし，出願人の主張・立証により，この事実が本願発明の技術的特徴に基づくものであり，販売技術や宣伝等，それ以外の原因によるものでないとの心証が得られた場合に限る．したがって，本願発明に係る商品やサービスのどの点が消費者によって受け入れられているのかを明確に説明できなければならない．そして，その点こそが，先行技術にはない，本願発明の技術的な特徴であると主張するのである．

## 4.6 パテントマップのつくり方・使い方

### 4.6.1 パテントマップとは

発明の新規性や進歩性を検証するためには，特許調査が欠かせない．特許調査の手法については，数多くの書籍が刊行されているので，それらを参考にされたい．

最近，IP ランドスケープ（Intellectual Property Landscape）という用語が使われるようになってきた[38]．これは，知的財産（知財）分析の手法と，同手法を生かした知財重視の経営戦略を意味する．具体的には，知財部門が①経営陣のニーズを早い段階でつかむ，②特許だけでなく競合企業や関連業界などのマーケティング情報を駆使した戦略報告書を作成する，③経営陣に提案，全社戦略に反映する，というサイクルを繰り返す．目的は「自社の戦略，事業を成功に導く」ことにある．

このような IP ランドスケープをうまく実施していくためには，個々の知

---

[38] 日本経済新聞 2017年7月17日付紙面

財を評価するだけではなく，関連する知財全体を分析的に評価することが求められる．その際，特許を定量的または統計的に分析・評価するのに，パテントマップが有用なのである．

「パテントマップ」という用語について，これまで触れたことはあるであろうか？　もちろん，パテントマップの概念は，知財担当者や弁理士などにとってはよく知られているものである．しかし，新聞やウェブサイトなどで頻繁に使われている用語とは決して言えないので，見聞きする機会はそれほど多くない．また，「パテントマップ」という用語に触れる機会があったとしても，その意味についてまでは深く考えることはないであろう．

そもそもパテントマップは，何か定型のものがあるというわけではない．作成者によって千差万別のパテントマップが存在し得るのである．このことをぜひ頭の片隅に留め置いてほしい．パテントマップといえばコレ，という定型のものはないのである．

さて，パテントマップの語義は，特許を意味する「パテント」（Patent）と地図を意味する「マップ」（Map）との複合語であり，日本語では「特許地図」と言うことができる．しかし，「地図」の本来の意味である地形を表すものとは異なり，座標軸や表し方については特別なルールはない．それ故に，定型のものはないのである．

たとえば，特許庁が以前に公開していた「技術分野別特許マップ」には様々な形式のパテントマップが記載されている[39]．たとえば，「化学 200　発酵食品・醸造食品」についてみると，図 4-12 ～ 4-15 に示すような図表が記載されている．

これらはいずれもパテントマップといえるものである．そして，それぞれのパテントマップを見比べればわかるとおり，座標軸や項目，表現方法は様々である．このようにパテントマップは定型化されておらず，多種多様に表現され得るものである．極端にいえば，新しい表現手法が生み出されれば，その分だけ新たなパテントマップが追加され得るのである．

しかし，パテントマップには最低限のルールがあり，それは，以下のよう

[39] 特許庁，「技術分野別特許マップ」（http://www.jpo.go.jp/shiryou/s_sonota/tokumap.htm）

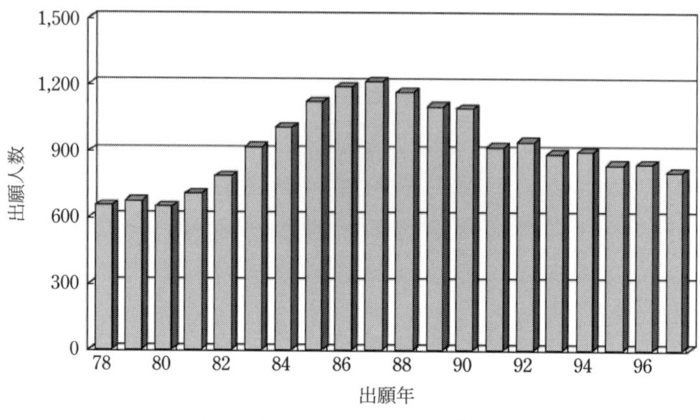


**図 4-12**　パテントマップ例 1

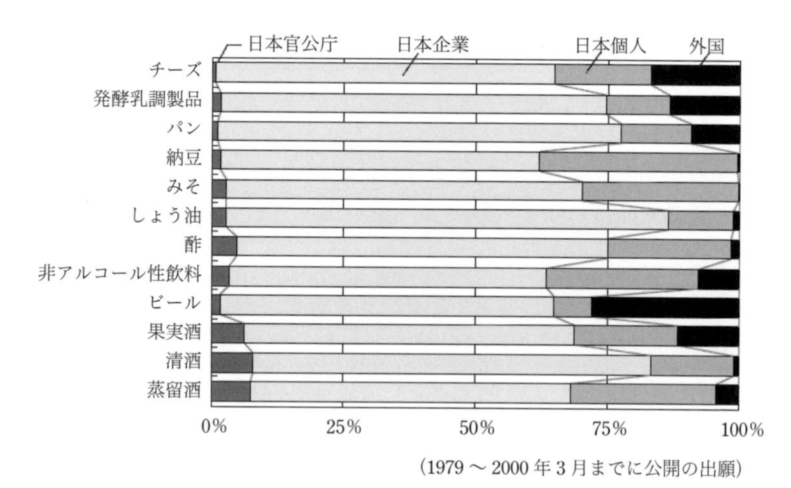


**図 4-13**　パテントマップ例 2

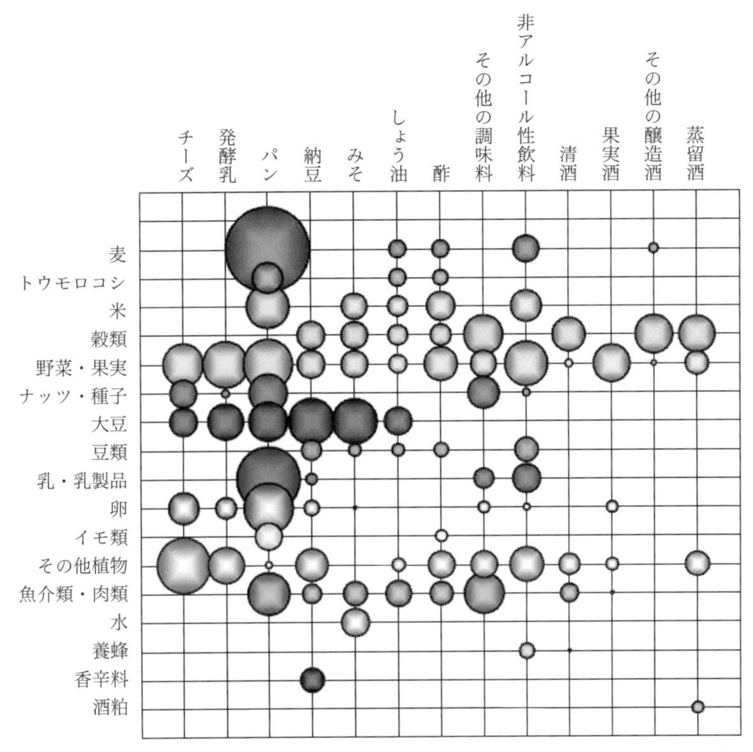


（縦軸：原材料，横軸：発酵食品・醸造食品）

**図 4-14**　パテントマップ例 3

なことである．

①パテントマップのデータは，特許公報に記載されている情報に基づいていること

②特許公報に記載されているすべての情報を取り上げるのではなく，特定の情報に的が絞られていること

③個々の特許公報ではなく，一定数の特許公報の情報全体を観察しやすい形式で表されていること

④第三者に容易に理解され，かつ，活用されること

図 4-12 ～ 4-15 は上記①～③のルールに則って，原材料名や出願年などの

| 外国出願人 | 国　名 | 出願件数 |
|---|---|---|
| スミスクライン ビーチャム | 米国 | 208 |
| ノボ ノルディスク | デンマーク | 159 |
| ネッスル | スイス | 125 |
| スミスクライン ビーチャム | イギリス | 112 |
| メルク | 米国 | 110 |
| ユニリーバー | オランダ | 108 |
| ヘキスト | ドイツ | 87 |
| ギスト プロカデス | オランダ | 76 |
| エフ ホフマン ラ ロシュ | スイス | 65 |
| イーライ リリー | 米国 | 57 |
| ジェネンテック | 米国 | 52 |
| シー ビー シー | 米国 | 48 |
| チロン | 米国 | 42 |
| ノバルティス | スイス | 42 |
| モンサント | 米国 | 39 |
| チバ ガイギー | スイス | 35 |
| ヘモジェネティックス | 米国 | 35 |
| ベー アー エス エフ | ドイツ | 32 |

**図4-15**　パテントマップ例4

特許公報に記載されている限られた情報に基づくデータを見やすく加工して視覚化している.

最も重要なのはルール④である. パテントマップは, 作成者のためにあるのではなく, 作成者が第三者に対して関連のある特許の情報をプレゼンするために用意されるものだからである. したがって, パテントマップは, 特許情報を「見える化」するものではなく,「魅せる化」するためのものでなければならない. そして, 第三者が説明なしでも理解でき, さらに活用できるようなものでなければ, パテントマップとしての価値は低いといえるであろう. むしろ第三者に利用されなければ, パテントマップを作成すること自体が作成者の自己満足に終わってしまいかねない. この点は, パテントマップを作成する際に常に意識してほしい.

### 4.6.2 パテントマップをつくる前に

さて, パテントマップについて理解を深めたところで, パテントマップのつくり方について解説していく．

パテントマップをつくるには，特許情報プラットフォーム（J-PlatPat）で検索して集めた特許公報に記載されている情報を，MS Excel などの表計算ソフトで利用できるようなデータに加工して，グラフや表を作成すればよい．すなわち，J-PlatPat を利用した特許公報の検索スキルと表計算ソフトの基本的なグラフ作成スキルを身につけていれば，誰にでもパテントマップらしきものを作ることが可能である．ここで気をつけるべきことは，先に示したルール④に当てはまらないパテントマップらしきものを作らないようにすることである．つまり，第三者にも理解できるような，真に意味あるパテントマップをつくることが肝要なのである．

### 4.6.3 パテントマップのつくり方

パテントマップのルール④は，「第三者に容易に理解され，かつ，活用されること」である．そして，このことを常に意識するためには，パテントマップの目的，内容，利用方法などを明確にしておくのがよいであろう．たとえば，図 4-16 のようなパテントマップ設計書を作成することにより，これらの事項を文章にして明確化できる．

図 4-16 の例では，「目的」や「内容」は作成者が考えた文章で作成するようになっている．しかし，可能であれば，これらについては定型文を用意することを推奨する．「目的」の定型文をまず用意し，それに則した「内容」を数パターンつくっておくと，パテントマップを作成する際に生じる心理的障壁を一段下げることができるのではないだろうか．

パテントマップ設計書を作成したら，次に，パテントマップを作成するための具材を探す．J-PlatPat を利用して目的とする特許公報を検索するのである．ここで注意を要するのは，先行技術調査として特定の，1つの特許公報を見つけ出すというのではなく，特定のグループの特許公報を検索するようにすることである．

先行技術調査では，モレがないように，ある程度のノイズ（調査対象発明とは関係性の小さい特許公報が検索されること）を許容しなければならない場合がある．それに対して，パテントマップを作成する際には，モレよりもノイズが入らないようにすることが望ましい．つまり，先行技術調査と違って特許公報の数を統計的なデータとして扱うのであるから，個々の特許公報の

<table>
<tr><th colspan="3">パテントマップ設計書</th></tr>
<tr><td>作成日</td><td colspan="2">2018年　1月　30日</td></tr>
<tr><td rowspan="2">作成者</td><td>（所属）</td><td>知的財産部　特許調査課</td></tr>
<tr><td>（作成者）</td><td>森本　敏明</td></tr>
<tr><td>目　的</td><td colspan="2">1. 自社製品Aについて，同一または類似の材料，構造，機能，効果などの観点を有する製品と関係がある特許出願および特許の数をマクロ観察すること<br>2 技術開発会議にて，技術開発本部長および○○研究所長へ自社製品Aについて手薄な観点の特許出願を促進するように提案すること．</td></tr>
<tr><td rowspan="2">調査範囲</td><td>公報：</td><td>1. 特許<br>□公開公報（公開，公表，再公表）<br>□特許公報（公告，特許）<br>2. 実用新案<br>□公開公報（公開，公表，登録実用）<br>□実用新案公報（公告，実用登録）</td></tr>
<tr><td>期間：</td><td>2000　年　～　2017　年</td></tr>
<tr><td>内　容</td><td colspan="2">1. 自社製品Aに関係がある公報の数を出願年別に観察する．<br>(1) 座標軸<br>□X軸；<br>□Y軸；<br>□Z軸；<br>(2) グラフの種類<br>□棒グラフ，□折れ線グラフ，□円グラフ，□面グラフ，<br>□バブルチャート，□その他（　　　　　　　　　　）<br><br>2. 自社製品Aと同一または類似する材料，構造，機能，効果を有する製品と関係がある公報の数を出願人別に観察する．<br>…</td></tr>
<tr><td>スケジュール</td><td colspan="2">内容1について，….<br>内容2について，….</td></tr>
<tr><td>利用方法</td><td colspan="2">1. パテントマップをプレゼン資料として，2018年3月度の技術開発会議にて10分間プレゼンする．<br>2. 会議内の質疑応答により，パテントマップの不足分を用意し，電子メールにて会議参加者にフィードバックする．</td></tr>
<tr><td>問題点</td><td colspan="2">1. 製品Aの技術的詳細について，開発者（発明者）にインタビューすべきか検討する．<br>2. …</td></tr>
</table>

**図4-16** パテントマップ設計書の例

記載内容よりも，その数を意識することが重要なのである．さらに，効率よくパテントマップを作成するために，検索された特許公報の中身を参照しないで済むように，特許公報検索に際しては，以下のルールを適用するとよいであろう．

①検索項目の1つとして特許分類を用いること

②キーワード検索をする場合，多義語（複数の意味を持つ用語）や一般用語を用いずに，技術用語や専門用語を用いること

③1つの特許公報グループを検索する際には，1つの検索式を用意すること

①と②はノイズの低減化，③は検索の迅速化に寄与する．さらに，ノイズ低減化と検索迅速化の観点から，類義語は必要最小限のものに抑えるとよいであろう．

以上のようなルールに則って，特許公報グループごとに検索式を作成し，J-PlatPatにて目的とする特許公報を検索する．そして，検索して得た特許公報の総数を統計データとして用いる．この際，必要があれば，検索された特許公報の総数を加工した上で，統計データとして扱うようにする．このようにして，検索結果を「数値」へと変換するのである．そして数値化された統計データを基にグラフや表などで視覚化すれば，パテントマップが完成する．

特許公報の総数のカウントから統計データの視覚化までを，MS Excelなどの表計算ソフトを使えば，一貫して効率的に作業できるであろう．

### 4.6.4　パテントマップの作成例

ここからは具体例を示して，パテントマップの作成方法の詳細を解説する．パテントマップ作成の第一段階は，パテントマップの方針決定，すなわち，パテントマップ設計書の作成である．ここではまず，パテントマップ設計書を作成したこととして，図4-17の方針（1）に従って，折れ線グラフ型のパテントマップを作成することとする．

特許公報の検索には，J-PlatPatの「特許・実用新案テキスト検索」を利用

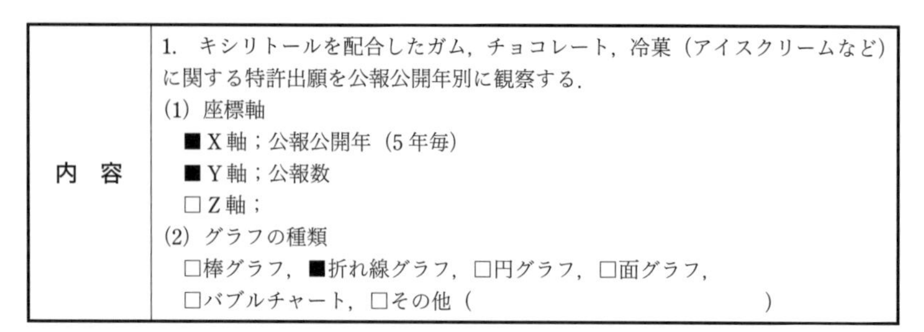

| 内　容 | 1. キシリトールを配合したガム，チョコレート，冷菓（アイスクリームなど）に関する特許出願を公報公開年別に観察する．<br>(1) 座標軸<br>■X軸；公報公開年（5年毎）<br>■Y軸；公報数<br>□Z軸；<br>(2) グラフの種類<br>□棒グラフ，■折れ線グラフ，□円グラフ，□面グラフ，<br>□バブルチャート，□その他（　　　　　　　） |
|---|---|

**図4-17**　パテントマップ作成方針（1）

する．たとえば，1991年～1995年の間に公開された「キシリトールを配合したチョコレート」に関する特許公報を検索するのであれば，図4-18のような条件で検索を実施する．

ここでは，公開種別を「公開特許公報」のみとしている．これは，法域を特許に限定するとともに，重複を避けるために「特許公報」を除いているのである．

検索項目である「要約＋請求の範囲」の検索キーワードとしては「キシリトール」と入力している．これは，キシリトールに相当する適切な特許分類がないためである．IPCについては，チョコレートに対応する「A23G1/00」と「A23G1/30」を選択している．これらの用語の間にはスペースを入れており，さらに検索方式を「OR」とすることによって，「A23G1/00」および「A23G1/30」のいずれか一方のIPCが付与された公報を検索できるようにしてある．なお，IPCに加えてFIを選んだり，Fタームとして「4B014GB01」（チョコレート）や「4B014GB04」（チョコレート菓子）などを選択してもよい．

ここで注意すべきなのは，公開日についての検索項目である．今回は「公開/国際公開日」を選んだ．このほかにも類似する検索項目として「公開日」や「公表日」などがあるが，これらのいずれか一方だけだと，他方に該当する公報は検索からモレることになるので注意しなければならない．また，日付指定は図4-18のとおりにすることで1991年1月1日から1995年12月31日までに公開された公報，つまり，1991年～1995年の公報を検索することができるようになる．

特許・実用新案テキスト検索 ?ヘルプ　　入力画面 → 結果一覧 →

書誌的事項・要約・請求の範囲のキーワード、分類(ＦＩ・Ｆターム、ＩＰＣ)等から、特許・実用新案の公報を検索できます。

公報発行、更新予定については、ニュースをご覧ください。

種別

☑公開特許公報（特開・特表(A)、再公表(A1)）　□特許公報（特公・特許(B)）　□米国特許和文抄録
□公開実用新案公報（実開・実表・登実(U)、再公表(A1)）　□実用新案公報（実公・実登(Y)）　□欧州特許和文抄録
□中国特許和文抄録　□中国実用新案機械翻訳和文抄録

J-GLOBAL検索

□文献　□科学技術用語　□化学物質　□資料

キーワード

全角の場合は100文字以内、半角の場合は200文字以内で、検索キーワードを入力してください。

| 検索項目 | | 検索キーワード | 検索方式 |
|---|---|---|---|
| 要約＋請求の範囲 | 含む | キシリトール | OR |
| AND | | | |
| IPC | 含む | A23G1/00 A23G1/30 | OR |
| AND | | | |
| 公開／国際公開日 | 含む | 19910101:19951231 | OR |

− 削除 ＋ 追加

キーワードで検索

**図 4-18**　公報テキスト検索実施例

パテントマップ作成内容に適った検索を実施するために，検索項目「IPC」のキーワードをガム（A23G4/00）または冷菓（A23G9/00）に対応するものに置き換え，さらに「公開 / 国際公開日」のキーワードを 1991 年～ 2010 年について 5 年毎（1991 ～ 1995，1996 ～ 2000，2001 ～ 2005，2006 ～ 2010）に置き換えて検索する．このようにして，「IPC」3 通り×「公開，国際公開日」4 通りの計 12 通りの検索を実施すると，表 4-2 のような検索結果が得られる．表中の数字は検索結果である公報数を表す．

この表を基に，パテントマップ作成内容にしたがって，X 軸に公報公開年（5 年毎）をとり，Y 軸に公報数をとって作成した折れ線グラフが図 4-19 で

**表 4-2**　特許公報検索結果

| | 1991-1995 | 1996-2000 | 2001-2005 | 2006-2010 |
|---|---|---|---|---|
| ガム | 4 | 22 | 39 | 38 |
| チョコレート | 3 | 12 | 7 | 11 |
| 冷菓 | 0 | 1 | 2 | 3 |

ある.

また，図4-20の作成方針（2）に従って作成したのが，図4-21に示すよう

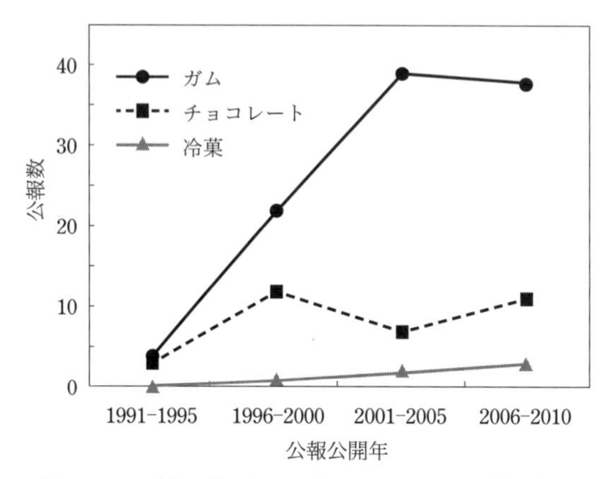


**図4-19**　折れ線グラフ型パテントマップ作成例

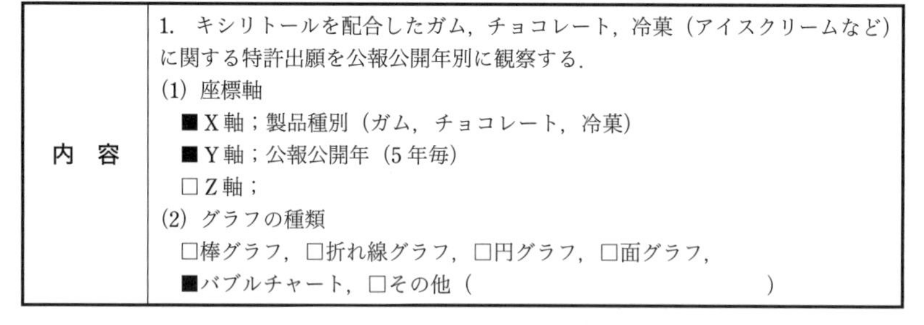

| 内　容 | 1.　キシリトールを配合したガム，チョコレート，冷菓（アイスクリームなど）に関する特許出願を公報公開年別に観察する.<br>(1)　座標軸<br>■X軸；製品種別（ガム，チョコレート，冷菓）<br>■Y軸；公報公開年（5年毎）<br>□Z軸；<br>(2)　グラフの種類<br>□棒グラフ，□折れ線グラフ，□円グラフ，□面グラフ，<br>■バブルチャート，□その他（　　　　　　　　　　　） |
|---|---|

**図4-20**　パテントマップ作成方針（2）

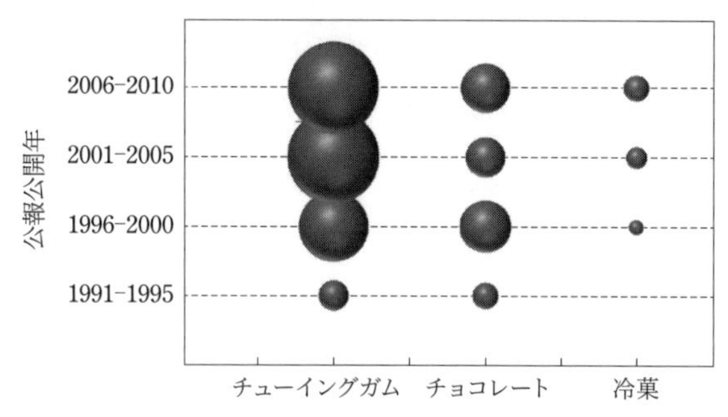


**図4-21**　バブルチャート型パテントマップ作成例

なバブルチャート型のパテントマップである．バブルチャートの詳細な作成方法については，表計算ソフトやグラフ作成の解説書を参照されたい．

### 4.6.5 パテントマップの使い方

パテントマップの使い方は，パテントマップ設計書の目的や利用方法の欄に記載があるはずである．繰り返しになるが，パテントマップは使い方ありきで作成せねばならず，作成してから使い方を考えるというものではない．

また，パテントマップは机の上に置いておくものではない．パテントマップは，特許情報を「見える化」するものではなく，「魅せる化」するものであることも先に述べたとおりである．とはいえ，パテントマップのみを使って誰かに何かを説得しようとしても難しいかもしれない．特許の重要性について理解している者にとっては，パテントマップから得られる情報に価値を見出さないかもしれない．パテントマップを作成する労力に対して得られる効果が非常に小さい場合もある．パテントマップは万能ではない．パテントマップに意義を見出したいのであれば，その価値に気づく者へ提示しなければならない．

たとえば，特許の重要性についてあまり認識していない経営者層に対しては，これからの製品戦略やビジネスモデルの構築手法を説明する際に，自社特許の強み・弱みを説明する補足資料としてパテントマップは大いに役立つであろう．

また，研究開発者は，自身が担当しているテーマに関連する自社および他社の特許のうち，特に重要なものについては把握しているかもしれないが，俯瞰的視点をもって特許網の全体像を掴んでいる者は少数であろう．このような状況であれば，テーマが置かれている現状の把握を促すために，研究開発者へパテントマップを提示することは有効である．

いずれにしても，パテントマップを作成した後に困らないように，パテントマップの利用方法については事前に十分かつ慎重に検討しておくべきである．

また，パテントマップを作成した後に，なんら説明をつけずにパテントマップを提示するだけという行為は避けた方がよい．パテントマップは統計データを視覚化したものに過ぎず，個々のデータの中身については吟味していないことが多い．そうすると，見る者によっては，パテントマップを単なる数字遊びだと捉える可能性がある．

パテントマップに説得力を持たせたいというのであれば，たとえば，ある数値の中にはこのような重要な特許（基本特許など）が含まれている，というように，定量的なデータの中に定性的な情報を付け加えるといった工夫をすべきであろう．

一方，パテントマップ設計書に基づいてパテントマップを作成したとしても，必ずしも目的に適うものが作られるとは限らない．そこで，パテントマップを使ってプレゼンテーションした後に，視聴者に意見を聞くなどして，より有用なパテントマップを作るようにする．パテントマップに定型のものはないことを活かして，同じ統計データをそれぞれ異なる角度で視覚化するのも1つの手である．パテントマップを作ってプレゼン資料として利用して終わり，というのではなく，PDCAサイクルを回すことにより，技術経営に真に必要とされるパテントマップへと醸成すべきであろう．

# 第5章　食品特許の利活用のためのTips

## 5.1　食品発明の種類

発明の種類（カテゴリー）は大きく分けて3つある．「物」，「方法」および「物を生産する方法」の発明である（特許法第2条第3項各号）．食品発明も，これらのいずれかに分類される．

とはいえ，クレームの表現からこれらを分類することは実は難しい．そこで，これらをクレームの末尾によって形式的に判断するというのが一般的である．すなわち，クレームの末尾が「組成物」などの物であれば「物」の発明，「生産方法」や「製造方法」などの物を新たに作り出す方法であれば「物を生産する方法」の発明，「測定方法」などの物を新たに作り出さない方法は「方法」の発明に該当すると考えればよい．ただし，「物を生産する方法」の発明を意図しておきながら，クレームの末尾を「生産方法」や「製造方法」などとせずに，「～の着色安定化方法」や「～の呈味改善方法」などとする場合がある．この際，方法を実施した結果として得られる結果物が譲渡，輸入などの取引の対象になる独立性のある物と評価される場合は，そのような方法の発明は「物を生産する方法」の発明と認められる場合がある[40]．しかし，このような場合は例外であると考えるべきであり，「物を生産する方法」を規定したいのであれば，クレームの末尾は「生産方法」や「製造方法」とすべきであろう．

食品発明のうち，「物」の発明としては，製品的な物に関する発明（例えば，バター，マーガリン，ビール，チョコレート，醤油，ハムなど），材料的な物に関する発明（例えば，アミノ酸，でんぷん，ゲル化剤，微生物，酵素など）および物を取り扱う物の発明（例えば，加工装置，器具，容器など）といったものがある．これらに加えて，食品発明の「物」の発明として，2016年4

---

[40] 大阪地裁平成16年4月27日判決（平成15年（ワ）第860号），東京地裁平成15年11月26日判決（平成13年（ワ）第3764号）

月より，物の特定の性質を専ら利用する物の発明，いわゆる「用途発明」が認められるようになった．これについては後述する．

食品発明としては，「物」の発明に加えて，「方法」の発明や「物を生産する方法」の発明を加えると，膨大な種類のものがある．そこで，食品発明の具体例を知りたければ，特許分類であるIPCやFIのクラスがA23（食品全般），A21（パン類），A22（食肉加工），C12（酒類，微生物，酵素）の特許文献を調べればよい．さらにこれらに，A01J（乳製品），A01G（植物栽培・培養），B01～B07（加工装置・処理），B26（切断装置・処理），F26（乾燥装置・処理），B32・B65・B67（容器・運搬），G01（理化学的測定），C13（糖類），C08B（多糖類），C11（油脂），C07（有機化学），A61P（用途），A61K（製剤）といったIPC・FIのクラス・サブクラスをかけあわせることにより，食品発明が記載された特許文献を詳細に検索できる．

## 5.2　プロダクト・バイ・プロセスクレーム

### 5.2.1　プロダクト・バイ・プロセスクレームとは

プロダクト・バイ・プロセスクレーム（product-by-process claim：以下，PBPクレーム）は，物の発明であるとはいえ，特定の製造方法（process）により得られる物として特定された「物」の発明である．

PBPクレームは，物の発明であるとはいえ，特定の製造方法によって得られるものである．そこで，クレームされている「物」は，当該製造方法によって製造されたものに限られるのか（製法限定説），あるいは，製造方法に限らずとも「物」として同じものであればよいのか（物同一説）という解釈上の問題があった．しかし，この問題は，プラバスタチンナトリウム事件[41]の最高裁判決によって一応の解決がなされた．結論として，「物同一説」が採用される，というものである．すなわち，PBPクレームについては，特許審査においても，特許権侵害訴訟においても，製造方法の規定にかかわら

[41] 最高裁平成27年6月5日判決（平成24年（受）1204号，同2658号）

ず，クレームされた「物」が同一か否かによって判断されることになる．

また，PBP クレームは，内在的に発明の明確性の要件（特許法第 36 条第 6 項第 2 号）に適合しない，とみなされる．ただし，出願時において，クレームされた物をその構造又は特性により直接特定することが不可能であるか，又はおよそ実際的でないという事情（「不可能・非実際的事情」）が存在するときは，PBP クレームは認められるという．

したがって，物の発明の場合は，実務的には PBP クレームとはせずに，なるべく物の構造や特性によって特定することが求められる．

### 5.2.2　PBP クレームと非 PBP との境界

では，PBP クレームとそうではないクレームとの境界はどのようになるのであろうか．

「特許・実用新案審査ハンドブック」の 2204 項によれば，PBP クレームに該当するのは以下の 3 つの類型であるという．

（i）　製造に関して，経時的な要素の記載がある場合
　　具体例：「次の段階：（略）を含んでなる方法によって製造される化合物 A ナトリウム塩」

（ii）　製造に関して，技術的な特徴や条件が付された記載がある場合
　　具体例：「モノマー A とモノマー B を 50℃で反応させて得られるポリマー C」

（iii）　製造方法の発明を引用する場合
　　具体例：「請求項 1 〜 8 のいずれかの製造方法で製造されたゴム組成物」

一方，単に状態を示すことにより構造又は特性を特定しているにすぎない場合は，PBP クレームとはみなされない．このような場合の例としては，「樹脂組成物を硬化した物」，「A と B を配合してなる組成物」，「ゴム組成物を用いて作製されたタイヤ」，「A 層と B 層の間に C 層を配置してなる積層フィルム」，「ポリマー A で被覆された顔料」，「モノマー A とモノマー B を重合させてなるポリマー」，「PEG 化されたタンパク質」，「翻訳後修飾され

たタンパク質A」,「ヒト化抗体」,「配列番号Xで表されるアミノ酸において少なくとも1個のアミノ酸が欠失,置換若しくは付加されたアミノ酸配列からなるタンパク質」などが挙げられる.

特に,物の構造又は特性を特定する用語として概念が定着しているもの(例えば,辞書,教科書,規格文書等に定義等の記載が存在し,かかる記載に照らすと,物の構造又は特性を特定する用語として概念が定着していると判断されるもの)についても,PBPクレームとはみなされない.このような場合の例としては,「抽出物」,「脱穀米」,「単離細胞」,「蒸留酒」,「(層,膜としての)コーティング層」,「鋳物」,「鋳造品」,「鍛造品」,「焼結体」,「圧粉体」,「延伸フィルム」,「塗布膜」,「エンボス加工品」,「溶接組立体」,「一体成形品」などが挙げられる.

これらの例から鑑みるに,通常の製造方法は,原料(INPUT),処理(PROCESS)および生産物(OUTPUT)からなるところ,原料で特定された発明(例えば,「AとBを配合してなる組成物」,「ゴム組成物を用いて作製されたタイヤ」,「モノマーAとモノマーBを重合させてなるポリマー」)や,処理を経て定常状態化した生産物に関する発明(例えば,「樹脂組成物を硬化した物」,「A層とB層の間にC層を配置してなる積層フィルム」,「ポリマーAで被覆された顔料」,「PEG化されたタンパク質」,「翻訳後修飾されたタンパク質A」,「配列番号Xで表されるアミノ酸において少なくとも1個のアミノ酸が欠失,置換若しくは付加されたアミノ酸配列からなるタンパク質」)については,PBPクレームとみなされないようである.

したがって,PBPクレームを回避するためには,INPUT-PROCESS-OUTPUTを意識して,このうちINPUT又はOUTPUTで特定するように試みることである.

### 5.2.3 不可能・非実際的事情

PBPクレームが認められるためには,「不可能・非実際的事情」の存在が求められる.「特許・実用新案審査ハンドブック」の2205項によれば,PBPクレームについて,「不可能・非実際的事情」に該当する場合というのは,以下の類型(i)又は(ii)に該当するような場合であるとされている.

類型（i）：出願時において物の構造又は特性を解析することが技術的に不可能であった場合

類型（ii）：特許出願の性質上，迅速性等を必要とすることに鑑みて，物の構造又は特性を特定する作業を行うことに著しく過大な経済的支出や時間を要する場合

類型（i）に該当するのは，例えば，得られる物が一定しておらず，構造やそれに伴う特性を一律に規定することが不可能であり，さらに得られる物の構造又は特性を，測定に基づき解析することにより特定することも，本願出願時における解析技術からして不可能であったような場合である．

類型（ii）に該当するのは，例えば，出願時に適切な測定および解析の手段が存在しておらず，現実的ではない回数の実験や試行錯誤を重ねることが必要であり，膨大な時間と著しく過大な経済的損失を伴うような場合である．

食品発明の場合は，食品に含まれる微量成分およびその組み合わせの数，並びに微量成分およびその組み合わせと発明の効果との関係性が，主な主張事由になる．すなわち，食品中に含まれる極めて多数の微量成分のうち，どの範囲の化学物質が発明の効果に寄与するのかについて分析および特定することは不可能であること，仮に微量成分を全て特定することができたとしても，発明の効果に直接的に寄与する成分を特定することは不可能であること，極めて多数の微量成分の組み合わせを検証することは，極めて多数の微量成分の全てについて，個別に極めて高純度まで精製しなければならないことからも，極めて膨大な数の試行が必要になり，著しく過大な経済的支出や時間を要することなどを主張することになろう．

### 5.2.4 最高裁判決の実務への影響

先にも述べたが，PBP クレームについて，最高裁判決より前から特許審査における発明の要旨認定は「物同一説」がとられていた．

したがって，最高裁判決がなされたからといって，特許審査実務において大きな影響はないと思われる．

一方，特許権侵害訴訟の場では，“条件付き”で物同一説がとられていた

が，これからは原則「物同一説」が採用されるので，特許権侵害訴訟実務においては多少の影響がみられるかもしれない．

しかし，出願時に構造や特性を特定できなかった物の特許発明について，権利行使時にもやはり物の構造や特性を特定できないのであれば，クレーム中の製造方法の如何にかかわらず物の同一性を評価し得ないので，権利行使をすること自体が難しくなる．一方で，権利行使時に画期的な解析技術などが創出されて，出願時にはできなかった物の構造又は特性の特定ができるようになれば，物の同一性を評価することができるようになり，権利行使をすることができる場合があるかもしれない．しかし，そのような場合というのは，技術革新が目覚ましい分野に限られ，かなり特殊なケースであるといえる．したがって，クレーム中の製造方法に依拠して侵害であるといえない状況なのであれば，PBPクレームに基づいて権利行使をすることは難しいかもしれない．そうなると，たとえPBPクレームにより発明を特定することになるとしても，できるだけ出願時の解析技術を駆使して物の構造や特性を特定すべきであろう．

PBPクレームについては，最高裁判決により，判断基準が一応は明確になった．実際のPBPクレームの有効性については，今後の裁判例が待たれよう．

## 5.3 機能性食品と食品の用途特許

食品の中には，栄養面や味覚・感覚面での働きのほかに，生体の生理機能を調整する働き（機能性）を有するものがある．このような機能性を有する食品がいわゆる「機能性食品」である．

機能性食品は，特許実務では「用途発明」の範疇に入る．用途発明とは，「ある物の未知の属性を発見し，この属性により，当該物が新たな用途への使用に適することを見いだしたことに基づく発明」を意味する[42]．

食品の用途発明については，特許庁の運用として，長らく認められていな

[42] 特許庁「特許・実用新案 審査基準」，第III部，第2章 第4節 3.1.2

かった．しかし，食品について用途発明が認められない理由はなく，その必要性が高まっていることなどから，特許庁はこの運用を改め，平成28年から食品の用途特許を認めることになった．すなわち，成分Aの機能性が未知のものであり，成分Aにより食品を機能性食品たらしめている場合，このような機能性食品に係る発明は，食品の用途発明として認められ得るのである．

特許庁は，食品の用途発明について，いくつかの事例を開示している[43]．例えば，引用文献Xに，成分Aを含有するグレープフルーツが記載されていたとしても，成分Aに歯周病の原因菌に対する抗菌効果があることが知られていない場合には，成分Aを有効成分として含有するものとして，「歯周病予防用食品組成物」，「歯周病予防用飲料組成物」，「歯周病予防用剤」，「歯周病予防用グレープフルーツジュース」などは食品の用途発明として成立し得る．

しかし，「歯周病予防用グレープフルーツ」や「歯周病予防用食品」などは，引用文献1との関係で，その新規性が認められない．これらは，用途限定が付されていたとしても，植物であるグレープフルーツそのものであり得るからである（「食品」はグレープフルーツの上位概念）．結果として，引用文献1に記載されている成分Aを含有するグレープフルーツと区別がつかないと判断される．ただし，成分Aが天然に存在する成分ではない場合，成分Aを含有する食品についても天然物とは認められないことから，この場合は「成分Aを含有する○○用食品」というのは認められる．

その他の例として，表5-1に食品の用途発明について新規性が認められるものと認められないものの例を示した．

**表5-1**　食品の用途発明の例

| 用途発明OK | 用途発明NG |
|---|---|
| ○○用バナナジュース | ○○用バナナ |
| ○○用茶飲料 | ○○用生茶葉 |
| ○○用魚肉ソーセージ | ○○用サバ |
| ○○用牛乳 | ○○用牛肉 |

食品の用途発明について新規性が認められるか否か，すなわち用途限定のあるものとして解釈される発明か否かの判断基準は，①加工の有無・程度，②生体由

[43] 特許庁「特許・実用新案審査ハンドブック」，附属書A

来物の適用箇所・範囲にあるといえよう.

一方，食品の用途発明の進歩性については，他の分野の用途発明と同様に審査されることになる．問題となるのが，有効成分が天然物や複数の成分からなる食品原料である場合に，食品原料の一部に成分Aが含まれていることが知られていて，その成分Aが特定の作用を有する場合に，その作用に基づく用途発明の進歩性がどのように判断されるのか，ということであろう．例えば，「ブルーベリー抽出物を有効成分とする血圧低下用食品組成物」に関する発明について，ブルーベリー抽出物の一部に成分Aが含まれており，その成分Aが血圧低下作用を有することが知られている場合，この発明の進歩性については，成分Aによる血圧低下作用を否定することは難しいので，ブルーベリー抽出物が成分Aだけではなく他の成分を含むことによって，格別顕著な血圧低下作用が認められるということを実証することによって主張することになろう.

では，チーズ食品Xの整腸作用が他のチーズ食品よりも高く，チーズ食品Xの成分分析をしてみたところ，含有する成分Aが他のチーズ食品よりも高いことがわかった場合はどうか．成分Aについて整腸作用があることが知られていなければ，「成分Aを含有する整腸用食品組成物」をクレームすれば，食品の用途発明として新規性が認められるであろう．ただし，チーズ食品については一般的に整腸作用があると信じられており，チーズ食品の中には成分Aを含有するものもあれば含有しないものもあるという状況下では，「成分Aを含有する整腸用食品組成物」の進歩性が安易に認められるとは考えにくい．そこで，成分Aの量や追加成分によってクレームを限定することや，除くクレームにより発明の技術的範囲からチーズ食品を除くことなどをしつつ，有利な効果を立証することにより，進歩性を主張することになろう．なお，チーズ食品の整腸作用のように，食品に伝来的または風聞的に認められている属性を，その食品全般に備わっているとみなしてよいのか，という点にはまだ論争の余地があるだろう．先の例でいえば，チーズ食品10製品のうち，成分Aを含むものは3製品あり，これらには整腸作用が認められるものの，残りの7製品には成分Aが含まれておらず整腸作用も認められない場合であっても，成分Aを含む3製品が代表例となって，チーズ食品全般に整腸作用が認められると信じられることになる．これは科学的に正しくないのは明らかであるが，刊行物に「チーズ食品には整腸作用がある．実際に，製品A，B，Cには整腸作用が認められた．」と記載されていれば，このような刊行物はチーズ食品に整腸作用があることを記載した文献として引用されるのである．結果として，特許出願人としては，伝来や風聞を打ち消すための反証実験が必要となろう．

ただし，一旦特許になってしまえば，非常に広範な特許を取得することができるのは間違いない．食品表示の制限などから権利行使は特定保健用食品（トクホ）や機能性表示食品に限られるのか，一般の食品にまで及び得るのかといった実効性の問題はあるが，食品の用途発明を積極的に取得するというのは，特許戦略上でも有効であると思われる．

なお，特許庁としては，食品についての用途発明は認めるものの，用量・用法の発明（物）は依然として認めない方針である．すなわち，用量・用法の発明は医薬品にのみ認められることになる．しかし，その理由は釈然としておらず，特許庁側の運用でしかない．したがって，裁判所に訴えれば，その運用が変わる可能性は十分にあると思われる．

## 5.4 製法特許の有効性

特許業界では，相変わらず物至上主義が叫ばれている．すなわち，5.1節でみたように，発明のカテゴリーとしては「物」，「方法」および「物を生産する方法」の3つがあるが，積極的に特許化すべきは「物」の発明である，という考え方である．この考えに異論はないが，「方法」の発明や「物を生産する方法」の発明には価値がない，と考えるのはいかがなものであろうか．そこで，本節では「物を生産する方法」の発明，すなわち製法発明について言及する．

製法発明は，原料（INPUT），処理（PROCESS）および生産物（OUTPUT）から成り立つ．この，“原料が処理されて生産物を得る”という経時的な要素を含むことが，製法発明の特徴である．

製法発明では，原則として処理内容が特徴的であることが求められ，この部分について特許性が判断される．したがって，原料や生産物が公知のものであったり，容易想到なものであったりしても，処理内容に創作性が認められれば，その製法発明に特許が認められ得る．

処理内容については，とかく営業秘密（ノウハウ）として秘匿したがる傾向がある．むしろ，処理内容を世に公開するメリットはないといえるかもしれない．そのため，世に公開されている製法は意外と少ない，という事実がある．しかし，この事実こそが，製法発明のメリットにつながる．

すなわち，製法発明について特許出願した場合，思いの外，権利範囲の広い特許を取得することができる可能性があるのである．これは，製法発明に限ったことではなく，先行技術を記載した文献が少なく，対比すべき技術を記載したものが見当たらなければ，技術的範囲のより広い発明について特許がとれる，という原則に基づく．ポイントは，“先行技術がない”ことではなく，“先行技術を記載した文献がない”ということである．つまり，ある技術が先行技術としての使用実績が数多あり，当業界において周知技術だと思われていても，そのことを証明する文献が見当たらないのであれば，特許庁審査官は当該技術について新規性・進歩性を判断する術はない．もって，当該技術を利用した発明について特許が認められ得るのである．

そして，いったん特許出願されてしまえば，やはり先行技術を記載した文献が少ないという関係上，情報提供，特許異議申立，特許無効審判などによって潰すことが難しくなる．製法発明は安定的な権利となる可能性が高いのである．

このように，製法発明は権利範囲が広く，かつ安定的な特許とすることができる場合が多い．この点は，製法発明のメリットといえよう．

また，製法発明は，原則として発明の本質的部分が原料や生産物ではなく，処理内容にある．このことから，原料や生産物については均等が認められる余地がある．このことが確認されたのが，マキサカルシトール事件である[44]．本事件では，特許発明は出発物質としてシス体の化合物を用いてシス体の中間体を得る発明であったが，被告はトランス体の化合物を用いてトラ

[44] 最高裁平成 29 年 3 月 24 日判決（平成 28 年（受）第 1242 号）

ンス体の中間体を得ていた．この点は明らかな相違点であったが，出発物質から中間体を得る反応（処理）こそが本件特許発明の本質的部分であることが確認されて，均等侵害が認められた．製法発明は，訴訟の場においても有効であるといえよう．

コンプライアンス意識に活路を求めるとはいえ，製法発明は，物の発明と同じように，出願・権利化すれば他者に対して抑止力が働き得る．損害賠償のみならず，差止めとなり，継続して事業活動ができなくなる危険性があると思われる場合，その製法を，あえて実施しようとする者は少ないであろう．そう考えれば，相手方が実施するであろう製法に先んじて出願・権利化するということは，自己実施の確保はもちろんのこと，相手方に対する抑止力にもなる．

ただし，この考えは，相手方の意識にも左右する．やはり侵害するであろう相手方を特定しておき，侵害行為の有無を継続的にモニターすることが求められよう．

ここで問題となるのが，侵害行為の有無の確認方法である．そもそも，製法発明は侵害行為を特定することが難しい．前述のとおり，製法発明は，原料・処理・生産物から成り立つ．均等侵害が認められ得るとはいえ，訴訟を提起するのであれば，相手方の製法（イ号製法）を特定しなければならず，ひいてはイ号製法に係る原料・処理・生産物を特定しなければならない．

イ号製法を特定するための情報収集方法としては，相手方から直接情報を引き出すという本丸を攻める方法と，相手方から発せられた情報を解析したり，関係者からの情報を収集したりするなどの，外堀を埋めていく方法がある．当然，本丸を攻める方法の方が，具体的かつ真正な情報が得られ，もってイ号製法を特定することが容易になるであろう．ただし，相手方に情報を収集していることが知られることとなり，相手方に警戒心を抱かせ，万全な防御策がとられることになりかねない．そこで，まずは外堀を埋めていく方法を採用するのが一般的であろう．すなわち，相手方が製造販売する製品のパンフレットや取扱説明書などから，製品の内容を確認する．次いで，その製品に関係する相手方の論文，学会発表，特許文献などを参照する．テレビやラジオの放送内容，工場見学での質疑応答などからも，情報を入手することができる.

これらの情報に基づいて，原料・処理・生産物を含むイ号製法を確認，または推測するのである．この際，製品を入手して組成や特性を分析することも有効である．例えば，製品を分析した結果，当該製品は特許発明で得られる生産物と遜色ないものであり，その製品の製造工程を相手方の発した論文や特許文献などを参照して推測できる場合は，イ号製法として特定することができるであろう．また，相手方の製品の製造工程を知る手掛かりとなる情報がなかったとしても，相手方が使用したであろう原料がありふれた物ではなく，ある程度入手先が特定されており，特許発明に用いられるものと同一のものである場合は，相手方は特許発明に係る処理を実施して製品を製造している可能性がある．結果として，イ号製法は特許発明に係る製法発明と同一の方法であると合理的に推測できる．この際，イ号製法に係る処理内容を，技術常識を勘案して導くという方策もとり得る．しかし，この方策は，特許発明に係る製法発明の本質的部分にあたる処理内容を技術常識に基づいて想到し得ることを自認することになりかねず，自ら製法発明の特許性を否定することにもなりかねないので，慎重を要する．むしろ，このことを逆手にとって，この原料からこの製品を製造するために，特許発明に係る処理以外の処理が採用できるという技術常識はないことから，イ号製法は特許発明である製法発明と同一のものである，という主張はできよう．なお，外堀を埋める方法として，相手方の取引相手や顧客などの関係者から情報を得ることも考えられるが，この場合，不正な情報の入手とみなされぬように，相手方の製品の販売時期，価格，仕様変更の有無などを確認する程度に留め，守秘義務の下で相手方から関係者へ開示された情報などをむやみに入手することは慎むべきであろう.

このように，外堀を埋める方法によりイ号製法をある程度特定ができれば，そのイ号製法に基づいて相手方に確認を求める．具体的には，警告状を送付することになる．警告状では，特許発明とイ号製法とを記載し，イ号製法の特定に誤りがあるようであれば具体的な相違点を挙げて説明することを求めるようにする．警告状を受け取った相手方は，侵害していないのであれば，具体的な相違点を挙げて説明した回答書を返送してくるであろう．しかし，先延ばししたり，特許無効審判を請求してきたりした場合は，特許を侵害している可能性があるか，侵害・非侵害の判断ができないと考えてよいであろう．なお，回答書において，相違点が1点しか示されておらず，“その余”については言及がない場合，相手方は“その余”の部分については特許製法発明と同一であることを自認していると考えることもできる．

警告状に対する回答書に納得がいかなかったり，回答をはぐらかしていたりする場合は，改めて具体的な回答を求める警告状を送付する．それでも正当な回答が得られない場合は，特許権侵害訴訟を提起するということになる．訴えを提起する前に，「証拠保全」（民事訴訟法第234条）を裁判所に申立てることは有効である．ただし，証拠保全では，その事由を疎明しなければならない（民訴法規則第153条第3項）．すなわち，証拠保全の申立では，相手方は特許権を侵害していることが確かであろうとの推測を裁判官が得た状態に達するための証拠を提出することになる．具体的には，外堀を埋める方法で入手した相手方の情報，製品を分析した実験成績証明書などの自社の情報，技術常識を記載した文献などを用意する．証拠保全に際して，証拠の目的物としては，相手方の工場に存置された製品の製造ライン，製造装置，製造方法に関する作業標準手順書，品質管理マニュアル，製造指図，工程表，製造チェックリストなどが挙げられる．

訴訟に至れば，相手方（被告）に「具体的態様の明示義務」（特許法第104条の2）に基づいて，積極否認の原則により被告自らイ号方法を特定した上で，発明の技術的範囲の充足性について認否を求めることになる．この際，「文書提出命令」（特許法第105条）を利用する場合もある．それでも営業秘密にあたるなどとして，被告としてはイ号製法の特定を渋る可能性がある．この場合は，「信義則」（民事訴訟法第2条）や訴訟の適切な進行（民事訴訟法第156条）などを主張するとともに，秘密保持命令（特許法第105条の4）や訴訟中に当事者間で守秘義務契約を交わすなどして，被告のイ号製法の特定に努めるべきであろう．なお，特許法には，「生産方法の推定規定」（特許法第104条）があり，特許製法発明に係る生成物が日本国内で公然知られた物でなく，イ号製法による生成物と同一である場合などに適用できる．

食品特許ではないものの，製法発明に係る特許権侵害訴訟に関連して，訴訟前の当事者間のやり取りが詳細に記載された裁判例として，東京地裁平成19年12月26日判決（平成17年（ワ）第23477号）が参考になる．

本事件では，平成12年9月13日付け通告書にて，原告は，被告らに対し，被告らの製造方法について開示することを求めている．次いで，平成12年10月2日付け回答書にて，被告らは，原告に対し，被告の電着箔製造用ドラムは本件特許1発明および本件特許2発明の技術的範囲に属さないと判断しており，いかなる方法で製造しているかはノウハウにあたるために開示できない旨の回答をした．

それに対して，平成12年10月6日付け書面にて，原告は，被告らに対し，被告らの製造方法を明らかにしない限り被告らの主張を認めることができない，たとえノウハウであってもいかなる方法で製造しているかを開示すべきである旨の主張をした．これに対し，平成12年10月18日付け回答書にて，被告らは，製造方法については試作段階であり製造方法が確定していないが，本件特許1発明および本件特許2発明の技術的範囲に属しない方法を採用する旨を回答した．この段階に至ってまで，被告はイ号方法を特定していないのである．

次いで，平成12年11月2日付け書面にて，原告は，被告らに対し，本件特許1発明および本件特許2発明に係る製造方法を実施しないこと，被告らの製造方法が確定次第書面で原告に回答すること，仮に被告らが開示を拒み，あるいは原告の権利に抵触していた場合には訴訟を提起する旨の通知をした．半年以上の間，被告らの回答がなかったことから，平成13年7月27日付け再通告書にて，原告は，被告らに対し，被告らの製造方法について回答をするよう求めた．

これに対して，平成13年8月21日付け回答書にて，被告らは，原告に対し，被告らの電着箔製造用ドラムは本件特許1発明等の技術的範囲には属さない，本件特許1発明等の技術的範囲に属さない製造方法に係る特許出願をしているものである旨を回答した．否認はしても，イ号製法を特定しないのは相変わらずである．平成13年8月29日付け再通告書にて，原告は，被告らに対し，被告らの製造方法の具体的構成等を示すこと，被告らが出願中としている特許の内容を明らかにする旨を求めた．平成13年9月21日付け再回答書にて，被告らは，原告に対し，被告らの製造方法は相違点があるから，本件特許1発明および本件特許2発明の構成要件を具備していない旨の回答をした．平成13年12月26日付け再通告書にて，原告は，被告らに対し，被告の説明に基づいて作成した図を提示した上で，被告らの製造方法がどのような態様なのか具体的な説明を求めた．平成14年2月12日付け回答書にて，被告らは，原告に対し，被告らの製造方法は，原告が提示した図の方法と相違ないことを確認した．やっと，被告らはイ号方法を特定したのである．

これにより，原告は，平成16年4月1日に，裁判所大館支部に証拠保全の申立てをし，同支部は証拠保全決定をし，被告工場で検証が行われた．そして，原告は，平成17年11月10日に，本件訴訟を提起したのである．

本事件では，平成12年9月の通告書からはじまり，平成17年11月の訴訟に至るまで，実に5年の歳月を要している．判決内容は，原告請求の一部認容である．原告の粘り強い交渉の結果であったが，被告らとの書面の交換によって，直接知り得なかったイ号製法を特定したことについては参考になるであろう．このようなイ号製法を特定する方法もあれば，先にみたように，イ号製法を仮に特定した警告状を作成して，相手方に送付し，相違点の有無と置換技術の具体的内容について回答を求める方法もある．そして，置換技術が実質的な相違点とはならずにイ号製法が特許発明の技術的範囲内にあると判断できる場合や，イ号製法が均等の範囲内にあると判断できる場合には，回答書面などに基づいて証拠保全の申立てや提訴することなどのアクションをとり得る．この際，ライセンス契約（ライセンスプラン，ライセンスポリシー）などを相手方に求めて円満に事を終結させることもできるであろう．

以上のように，製法発明にはメリットもあれば，デメリットもある．その点は疑いようがないが，特許化に際して頭から除外されてよいものではない．特に，ノウハウとはいっても第三者が実施したくなるような製法については，積極的に権利化することが勧められる．ブランディングや広告・宣伝により実質的に独占的な地位を築くことは，可能であっても特許権のように確実的なものではない．社内のノウハウに留めておくだけでは，第三者の実施を妨げることはできないことに留意すべきである．

## 5.5　官能評価に基づく実施例

食品発明の効果を実証するために，官能評価はどの程度まで許容されるのだろうか．食品特許実務を担当している者であれば皆，興味のある事項であろう．

食品発明においては，風味を実証するために実施例と比較例とを用意し，それらについて官能評価を実施するというのは常套手段である．そして，風味の良し悪しを決めるのはパネラー，すなわち「人」である．人の「味覚」を使う以上，パネラー個人の主観的要素が入る余地がある．そこで，官能評価においては，いかに主観的要素を減じて，客観的な評価とするかということが重要になる．

### 5.5.1　事例1

最近，官能評価に言及した判決がなされた．トマトジュース事件である[45]．本事件の対象となった特許第5189667号には，実施例として，市販のトマトペーストと透明濃縮トマト汁を原料として，種々の工程を経ることにより，風味の異なる複数のトマト含有飲料（トマトジュース）を製造したことが記載されている．また，トマトジュースの成分を分析して，その成分値に基づいてクレームしている．いわゆる，パラメータ発明である．そして，本件発明は，①糖度，②糖酸比，③グルタミン酸・アスパラギン酸の合計含有量の3つのパラメータによって特定されてなるものである．

本件の判決では，一般的に食品の風味に影響を与える成分や物性は複数あり，さらにトマトジュースには様々な成分が含有されるのであるから，本件発明の3つのパラメータ以外にもトマトジュースの風味に影響を与える成分や物性はあると考えるのが技術常識であると認定している．

また，このような技術常識がある中で，本件発明の3つのパラメータがト

---

[45] 知財高裁平成29年6月8日判決（平成28年（行ケ）第10147号）

マトジュースの風味に影響を与えるというためには，以下のような風味評価試験をすべきであると判示している．

(1) 風味に見るべき影響を与えるのが，3つのパラメータのみである場合や，影響を与える要素が他にあったとしても，その条件をそろえる必要がない場合には，そのことを技術的に説明した上で3つのパラメータを変化させて風味評価試験をすること

(2) 風味に見るべき影響を与える他の要素が存在し，その条件をそろえる必要がないとはいえない場合には，他の要素を一定にした上で3つのパラメータの含有量を変化させて風味評価試験をすること

要は，3つのパラメータのみがトマトジュースの風味に影響を与えるのか，トマトジュースの風味に影響を与える他の要素はないのか，他の要素がないのであればそのことを技術的に説明すべきであり，他の要素があるのであればそのことを考慮して試験をすべきである，といっている．特に，トマトジュースの風味に見るべき影響を与える要素として，トマトジュースの粘度を挙げて，本件明細書には「粘度が「甘み」「酸味」および「濃厚」の風味に見るべき影響を与えないことや風味評価試験において条件をそろえる必要がないことは記載されておらず，また，粘度を一定にした風味評価試験も記載されていない」と判示している．

一方で，本判決では，風味評価試験の方法や評価の妥当性についても言及している．本件明細書の実施例では，トマトジュースの風味評価試験は，12人のパネラーにより，各風味（「甘み」，「酸味」，「濃厚」）の強度を7段階で評価しており，結果は12人のパネラーの評価の平均値により求めている．

これに対して，本判決では，官能評価試験を行うのであれば，以下の事項を考慮して実施すべき旨を判示している．

(1) 各項目の変化と加点，または減点の幅を等しくとらえるための評価基準を用意すること

(2) 点数を1点上げるための項目の強度について，パネラー間で共通にするなどの手順を設けること

(3) 評点の平均値だけではなく，各パネラーの個別の評点を記載すること

結果として，本件発明の課題との関係で，「濃厚な味わいでフルーツトマトのような甘みがありかつトマトの酸味が抑制されたとの風味を得るために，糖度，糖酸比およびグルタミン酸等含有量の範囲を特定すれば足り，他の成分および物性の特定は要しないことを，当業者が理解できるとはいえず，本件明細書の発明の詳細な説明に記載された風味評価試験の結果から，直ちに，糖度，糖酸比およびグルタミン酸等含有量について規定される範囲と，得られる効果というべき，濃厚な味わいでフルーツトマトのような甘みがありかつトマトの酸味が抑制されたという風味との関係の技術的な意味を，当業者が理解できるとはいえない」として，本件出願は「サポート要件を満たさない」と結論付けられている．

この判決文から，パラメータ発明とする場合には，採用するパラメータ以外の要素について検討した上で評価基準を用意し，パネラーの個別の評点を記載して，パネラー間の誤差を評価した官能評価試験を実施することが望ましいといえる．

### 5.5.2　事例2

官能評価試験について言及した別の裁判例として，減塩醤油事件がある[46]．本件発明は，食塩濃度7～9w/w%に加えて，カリウム濃度，窒素濃度，および窒素/カリウムの重量比によって規定されるパラメータ発明である．また，本件発明の課題は，「食塩濃度が7～9w/w%と低いにもかかわらず塩味があり，カリウム含量が増加した場合の苦みが低減でき，従来の減塩醤油の風味を改良した減塩醤油を提供すること」にある．そこで，パラメータであるカリウム濃度，窒素濃度，および窒素/カリウムの重量比の各数値を適切に組み合わせれば，他の手段を採用しなくても，上記課題が解決できると認識できることが求められる．

本判決では，食塩濃度が9w/w%であるものについては，本件明細書で本件発明の課題が解決し得るものとして記載されていると認めているが，それ以外の食塩濃度のものについては本件発明の課題が解決できるものと認めら

---

[46] 知財高裁平成28年10月19日判決（平成26年（行ケ）第10155号）

れず，よって本件出願はサポート要件を満たさないと結論付けている．

特に本判決では，実施例が用意されていたが，その実施例によっては本件発明の課題が解決できることが認識できないとして実施例の不備を指摘し，さらに塩味の官能評価方法について，指標の変化量が正比例した数値となっていないこと，指標の上下限の意義やパネラーの個別の評点の欠落について言及していることは興味深い．

本件明細書では，評価基準として，食塩濃度が9w/w%である市販減塩醤油と食塩濃度が14w/w%である市販のレギュラー醤油とが用意されているものの，本件発明における食塩濃度は7～9w/w%としていたことから，本来であれば食塩濃度が7w/w%である減塩醤油を評価基準として用意すべきであったのであろう．評価基準や指標の変化量については発明者が任意に決めてよいものではなく，発明の課題解決を説明し得る合理的なものでなくてはならないのである．

### 5.5.3 事例 3

風味向上剤事件[47]では，発明の目的と関連した官能評価試験が実施されていないことが確認されている．クレーム発明は「シュクラロースからなることを特徴とするアルコール飲料の風味向上剤」であった．本件明細書によれば，本件発明の目的は「アルコール飲料のアルコールに起因する苦味やバーニング感を抑え，アルコールの軽やか風味を生かしたアルコール飲料の風味向上剤及び風味向上法を提供すること」（下線は追記）であることから，「バーニング感」や「アルコールの軽やか風味」という用語の意味の明瞭性が実施可能要件に関して問題となると判示されている．そして，本件明細書中に「アルコールの軽やか風味」の意味を端的に説明する記載は見られず，実施例において「苦み」，「焼け」および「甘味」について官能評価されているものの，これらと「アルコールの軽やか風味」との関係性が明確ではないなどの理由から，本件発明の詳細な説明は「アルコールの軽やか風味」という用語に関し実施可能性を欠く，と判断されている．

---

[47] 風味向上剤事件 知財高裁平成26年11月10日判決（平成25年（行ケ）第10271号）

### 5.5.4 事例4

渋味マスキング方法事件[48]では，官能評価の試験方法が特定されていないことから，発明が不明確であると判断されている．本件訂正発明では，スクラロースを「甘味を呈さない量用いる」ことを発明特定事項とする．また，本件明細書の実施例では，官能評価試験をするに際して，甘味料を閾値以下で用いたとする記載はあるが，閾値の測定方法については言及していない．また，甘味料の閾値の測定方法について，複数の一般的な方法が存在するという技術常識もある．その結果，測定方法等により閾値が異なる蓋然性が高いことなどから，「甘味を呈さない量」とは，どの範囲の量を意味するのか不明確であると認められることから，発明の明確性の要件を満たさないものと判断されている．

### 5.5.5 事例5

甘味料組成物事件[49]では，官能評価試験について，評価結果が統計的に意味があるかが重要であるし，パネラーが先入観を抱かないような試験方法を採用することが重要であるとされている．さらに，評価結果はパネラーの平均値によるところ，誤差範囲が考慮されていないこと，パネラーが「サンプル」と「コントロール」のどちらかを識別でき，先入観を抱きかねなかったこと，このような状況下で発明者がパネラーとして参加していたこと，1点のみの標準試料により評価したこと（2点の標準試料により，標準試料Aの渋味を「0」，標準試料Bの渋味を「10」として，サンプルの渋味をパネラーに評価させるような方法ではなかったこと）などを挙げて，官能評価結果の信頼性についての疑義を払拭することができないため，本件発明が奏するとされる顕著な作用効果を確認することはできないと判断されている．

以上の例から，官能評価は，試験方法および評価結果が適正に実施され，そのことが特許明細書の実施例に記載されてはじめて，認められるものであ

---

[48] 渋味マスキング方法事件 知財高裁平成26年3月26日判決（平成25年(行ケ)第10172号）

[49] 甘味料組成物事件 無効2008－800116審決

るといえよう．

官能評価試験では，①因子および評価項目を検討し，採用した因子以外の要素と評価項目との関係性を予め評価しておくこと，②評価項目は発明の課題解決と緊密な関係にあること，③パネラーは因子および評価項目の数やそれらの水準数を考慮して統計的に意義のある人数とすること，④平均点だけではなくパネラーごとの点数を記載し，誤差を把握して，パネラー間の誤差に対してサンプル間の数値の隔たりに統計的に意義があることを評価しておくこと，⑤検査標準を 2 点以上用意して，評価項目の変化量はこれらの検査基準の間の範囲に等しく設定すること，⑥試験に際してはサンプルとコントロールとがわからないようにブラインド試験を実施すること，などが求められる．

# 第6章　食品特許の具体的な活用事例・係争

## 6.1　食品特許の活用事例

### 6.1.1　食品特許に基づく市場参入

食品特許に基づいて，食品分野へ新規参入した事例としては，花王株式会社の高濃度カテキン緑茶が挙げられよう．花王社はトクホ「ヘルシア緑茶」を発売するのに先立ち，2000年から2001年にかけて矢継ぎ早に特許出願をし，早期審査を利用して，早期の権利化を達成している．そのうちの3件の特許が，特許第3329799号，特許3342698号および特許3360073号である．

一方，当時の緑茶飲料市場のトップシェアを築いていたのは株式会社伊藤園である．花王社の特許3件について，伊藤園社は特許異議申立を行ったが，結果は3件とも特許維持決定であった．その後，周知のとおり，花王社は2003年5月に「ヘルシア緑茶」を発売し，発売から2年目に年間300億円を超える売上を記録したといわれている．

花王社の特許が，自社製品の製造販売を確保するために重要であったことは容易に想像できる．さらに興味深いのは，この花王社の特許戦略が伊藤園社の特許戦略に少なからず影響を与えたように思えることである．

図6-1に，伊藤園社の特許出願傾向を示す．図中では，出願日が「2000」の系は，出願日が2000年1月1日から2004年12月31日までの特許出願を示す．2000年以前は緩やかではあるものの，「茶」に関連するものも含めて全体的に特許出願数は増加傾向であった．しかし，2000年以降は著しく増加している．特に「茶」に関連する特許出願は激増している．そして，先に示した花王社の特許第3329799号の出願日は2000年11月17日であった．

ペットボトル入り緑茶飲料が登場したのが1990年頃で，この頃から緑茶

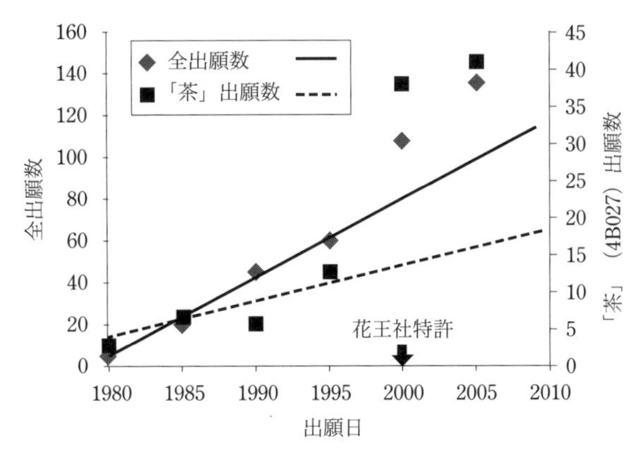


**図 6-1**　伊藤園社の特許出願数の推移

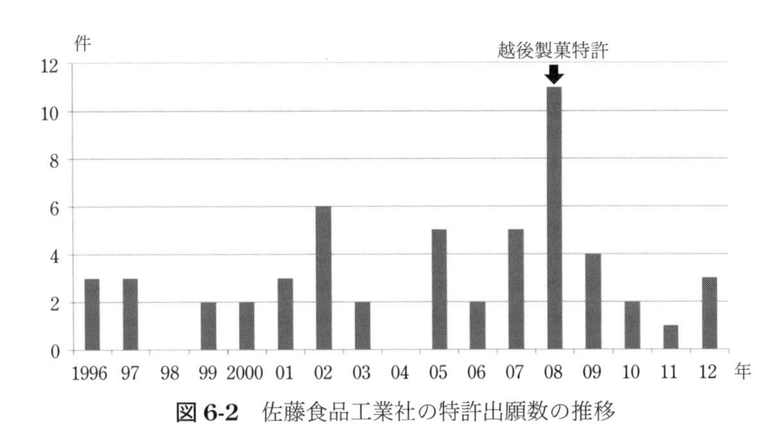


**図 6-2**　佐藤食品工業社の特許出願数の推移

飲料市場が大幅に伸長し，それに呼応して伊藤園社の特許出願数が伸びたとも考えられる．しかし，データでみる限りでは，伊藤園社の 2000 年以降の特許出願数，ひいては特許戦略について，花王社の特許の影響が全くないとはいえないのではないだろうか．

次に，特許係争によって特許出願数に変化が生じた可能性がある事例として，佐藤食品工業株式会社を取り上げる．図 6-2 に，佐藤食品工業社の特許出願数の推移を示す．図からわかるとおり，2008 年だけ特許出願数が 10 件を超えている．後述する切餅事件に係る越後製菓株式会社の特許第 4111382

号の特許登録日が2008年4月18日．切餅事件の訴状提出年は2009年である．両社間の交渉などの事情が影響して，2008年のスポットではあるが，佐藤食品工業社の特許出願数や特許戦略に影響が生じた可能性がある．

上記の例は，食品特許が，自社製品の製造販売を確保しつつ，他社の行動に影響を及ぼす可能性があることを示唆している．このような影響力をもつ食品特許は，決して無視することができないものである．そして，食品特許は食品ビジネスにおいて欠くことができないものである，といえよう．

### 6.1.2　中小企業の食品特許活用事例

業務用加工わさび市場においてトップシェアを占める金印株式会社は，食品特許を活用し，売上を伸ばしている[50]．金印社は「わさび」というニッチ分野でトップを走る，いわゆる，ニッチトップ企業である．そして，ニッチトップ企業であり続けるために，わさびやわさび成分に関する特許を多数出願している．当社が権利者として名を連ねる食品特許としては，わさびの抽出物である6–メチルスルフィニルヘキシルイソチオシアネートを含む機能性食品の特許などがある．金印社がわさび市場で優位性を築けたのは，本わさびの工業的生産を可能にした「超低温すりおろし製法」の開発に成功し，これを特許化したことにある．本わさびの香り・辛味は揮発性であり，工業的生産に向かないという問題があった．そこで上記製法を開発したところ，本わさびの香りや風味を維持した加工わさびを生産することができ，美味しい加工わさびの普及につながることとなった．この加工わさびの普及が今日の金印社の発展につながっているのであろう．

金印社は，その売上のすべてが知的財産権により保護された製品によるものだという．金印社にとって，知的財産活動の取り組みは，ビジネス展開とまがいもの・模倣品の対策にその意義がある．また，金印社が浮上する契機となった上記の製法（物を生産する方法）の特許のように，製法のコア技術は出願し，それ以外はノウハウとしてブラックボックスにしておくという知的財産戦略をとっている．つまり，事業経営を支える技術は特許にして，独

[50] 経済産業省中部経済産業局「中部の事例で解く！中小企業の知財戦略〜損をしない上手な活用〜」，2007年3月

占排他的な実施を確保するという戦略を採っているのである．このような戦略は，これからニッチトップを目指す企業にとって大いに参考になるのではないだろうか．

天候不順によって収量や品質が変化し，激しい値動きを見せる農作物として，キャベツやレタスがよく知られているが，沖縄名産のゴーヤーもまた天候の影響を受けやすい農作物である．しかも，ゴーヤーは，キャベツやレタスなどと違い，食卓に上がる頻度は少ない．そのため，天候不順によるゴーヤーの収量・品質の低下によって被害を受けるのは，多くの場合，消費者ではなくゴーヤー生産農家である．

このようなゴーヤー農家の実情を子供の頃から間近で見てきたのが，農業生産法人有限会社水耕八重岳（有限会社ゴーヤーパーク）の渡久地社長である[51]．同氏は，「これからの農業は“つくる”だけではなく，加工や販売も含めた新しいあり方を！」という信念のもと，勤めていた電気会社を辞めて，ゴーヤーの加工技術の開発にとりかかったのである．

ゴーヤーパーク社では，渡久地社長の会社員時代の経験を活かしつつ，ゴーヤー茶の開発を試みたが，製品のゴーヤー茶は苦みが残り，消費者に受け入れられるのは難しかった．そこで，さらに開発を進め，試行錯誤を繰り返した結果，乾燥したゴーヤーに独自の方法で焙煎を加えることにより，苦味のないゴーヤー茶を開発することに成功した．そして，主として，このゴーヤー茶の製造方法について特許を取得したのである．

ゴーヤーパーク社は，この取得した特許を，商品の信用力を高めるために利用している．類似商品がある中，特許発明に係る製造方法によって得られる商品は，こだわりのある顧客の評価につながっている．ブームに左右されず，特許の持つ信用力によって，安定的に顧客をつかむことができているのである．

たとえば，都内の高級百貨店などでは，特許発明に係る製造方法による商品を優先的に扱い，他社の商品を取り扱わないことを明言しているところも

[51] 沖縄地域知的財産戦略本部「成功への足跡　知的財産活用事例集」，平成 19 年 3 月

ある．百貨店サイドも，こだわりのある客に説明責任を果たすためには，信頼できる商品だけを扱おうという流れにあるのだろう．換言すれば，地域や風聞によらず，商品が広く受け入れられるためには，特許によるブランド構築は非常に有効であるといえよう．商品に係る知的財産権は，商品の県外進出には欠かせないものになっているようである．

ゴーヤーパーク社は，知的財産権などにより商品の付加価値を高め，高所得層の個人客をターゲットとして少量高品質を維持していけば，その一部には必ず理解してもらえるという考えを持っている．特許を取得したことが，ゴーヤー茶のブームが去った後でも，厳しい消費者の信頼獲得に大きな効力を発揮している，という．

食品は一過性のブームに終わりやすい．もちろん，ブームである間は，その商品は飛ぶように売れるであろう．しかし，ブームはやがて過ぎ去るもの．その後の戦略を考えておく必要がある．

食品特許によって模倣品を完全に防ぐことができればよいが，それができなくとも，他社商品との差別化を図るために利用できる．食品特許があれば，自社商品は優先的に選ばれるようになるのである．このことから，食品特許は真の顧客を継続的に引き付ける契機となるものであるといえる．

## 6.2 食品特許の代表裁判例（1）：切餅事件

### 6.2.1 特許権の効力および特許請求の範囲の解釈

本項では，一般にも話題となった切餅事件について解説する．この事件が話題となったのは，包装餅の業界で1，2のシェアを誇る2社による対立構造となっている点に加え，第一審裁判所である東京地方裁判所の判断[52]と第二審裁判所である知的財産高等裁判所の判断[53]とが，180度異なるものとなっ

[52] 東京地方裁判所 平成22年11月30日判決（平成21年（ワ）第7718号）

[53] 知的財産高等裁判所 平成23年9月7日判決（平成23年（ネ）第10002号）

た点にあろう．なお，本件は，被告（被控訴人）が上告したが，平成24年9月19日，最高裁判所はこれを棄却した．その結果，第二審である知的財産高等裁判所の判決が確定し，原告である特許権者の勝訴という形で幕を閉じている．

まず，特許権の効力について確認しておくと，特許権者は業として特許発明の実施をする権利を専有する（特許法第68条）．そして，特許権者は，自己の特許権を侵害する者またはそのおそれがある者に対し，その侵害の停止または予防を請求することができる（特許法第100条第1項）．さらに，権原無き第三者が故意または過失により特許権を業として実施した場合は，特許権者は損害賠償を請求することができる（民法第709条）．これらの条文が存在することにより，特許権者は自身の特許発明の実施を独占でき，他者の特許発明の業としての実施を差し止めること，そして，その実施により受けた損害の賠償を請求できるのである．

このように，特許権の効力は絶大である．そこで，特許権の効力がどの程度にまで及ぶのかが問題となる．

この点について，特許発明の技術的範囲は，願書に添付した特許請求の範囲の記載に基づいて定めなければならない，とされている（特許法第70条第1項）．「定めなければならない」とあるとおり，特許発明の内容は特許請求の範囲の記載によって確定される，というのが大原則である．とはいえ，特許請求の範囲の記載が必ずしも一義的に定まるとはいえない場合がある．そこで，このような場合は，願書に添付した明細書の記載および図面を考慮して，特許請求の範囲に記載された用語の意義を解釈するものとする，とされている（同第70条第2項）．

また，特許発明は先行技術には見られない特徴的部分を有するものであるから，特許発明の技術的範囲を判断するに際しては，先行技術や特許出願時の技術常識などが参酌される．また，特許権者が，特許出願経過において意識的に除外した部分などがある場合は，そのような部分は特許発明の技術的範囲に含まれない，と解されている．権利の行使は，信義に従い誠実に行わなければならないのであるから（民法第1条第2項），審査や審判の過程で発明の範囲に含まれないと自認した部分については，もはやその部分について権利行使はできないのである（包袋禁反言の法理）．

したがって，特許発明の技術的範囲は，①特許請求の範囲に記載されている用語が通常有する意味，②明細書および図面の記載，③特許出願時における公知技術および技術常識，ならびに④特許出願の過程を総合して判断されることになる．

### 6.2.2　切餅事件における裁判所の判断

切餅事件は，発明の名称を「餅」とする特許第4111382号の特許権者である原告（越後製菓株式会社）が，被告製品を製造，販売および輸出する行為が本件特許権の侵害に当たる旨主張して，被告（佐藤食品工業株式会社）に対し，被告製品の製造，譲渡等の差止め，ならびに被告製品，その半製品および被告製品の製造装置の廃棄を求めるとともに，本件特許権侵害の不法行為による損害賠償として約15億円の支払を求めた事案である．

本件発明は，特許第4111382号の特許請求の範囲における請求項1の記載によれば，以下の構成要件A～Eを備える餅に関するものである．

A　焼き網に載置して焼き上げて食する輪郭形状が方形の小片餅体である切餅の

B　載置底面又は平坦上面ではなくこの小片餅体の上側表面部の立直側面である側周表面に，この立直側面に沿う方向を周方向としてこの周方向に長さを有する一若しくは複数の切り込み部又は溝部を設け，

C　この切り込み部又は溝部は，この立直側面に沿う方向を周方向としてこの周方向に一周連続させて角環状とした若しくは前記立直側面である側周表面の対向二側面に形成した切り込み部又は溝部として，

D　焼き上げるに際して前記切り込み部又は溝部の上側が下側に対して持ち上がり，最中やサンドウィッチのように上下の焼板状部の間に膨化した中身がサンドされている状態に膨化変形することで膨化による外部への噴き出しを抑制するように構成した

E　ことを特徴とする餅.

本件発明の餅の具体例が，本件特許の図1に記載されている．これを図6-3に示す．一方，被告製品については，知財高裁判決の別紙被告製品図面に表わされており，これを図6-4に示す.

裁判では，本件発明の構成要件Bの解釈と被告製品の充足性が争点となった．そして，この争点について，第一審と第二審とでは判断に相違が生じたのである．すなわち，第一審では少なくとも被告製品は本件発明の構成要件Bを充足しないのであるから，被告製品は本件発明の技術的範囲に属しないと判断した．それに対して，第二審では被告製品は本件発明の構成要件Bに加えて構成要件Dをも充足するのであるから，被告製品は本件発明の技

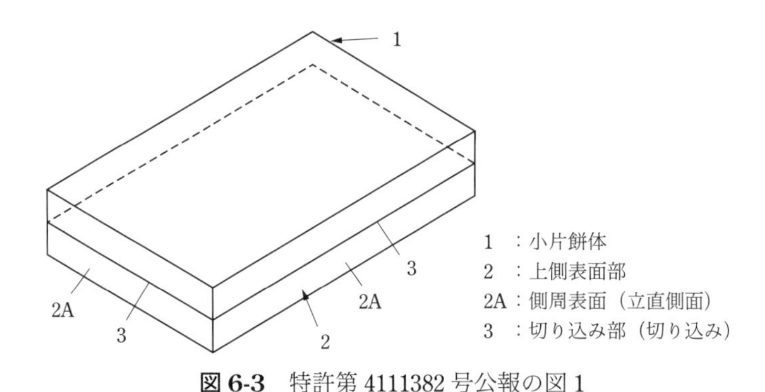


**図6-3**　特許第4111382号公報の図1

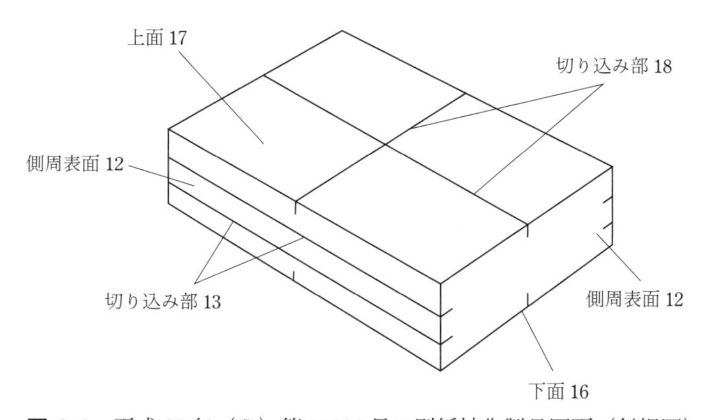


**図6-4**　平成23年（ネ）第10002号の別紙被告製品図面（斜視図）

術的範囲に属すると判断した．したがって，第一審と第二審との判断の相違点は，被告製品は本件発明の構成要件Bを充足するか否かにある．そこで，ここでは，被告製品の構成要件Bの充足性についての裁判所の判断内容について解説する．

### 6.2.3　第一審による構成要件Bの解釈

本件発明の構成要件Bは「載置底面又は平坦上面ではなくこの小片餅体の上側表面部の立直側面である側周表面に」切り込み部等があることを規定している．これは，「側周表面に」切り込み部等があって，「載置底面又は平坦上面」には切込み部等がないことを表わしているのか，それとも単に「載置底面又は平坦上面」とは違う面である「側周表面に」切り込み部等があることを表わしているのだろうか．このように，本件発明の構成要件Bについては，2通りの解釈ができる．

この点において，第一審では，構成要件Bを規定する文言の通常有する意味を解釈することなく，特許請求の範囲の記載事項に加えて明細書や図面の記載事項を総合して判断している．そして，構成要件Bの文言の意味を次のとおりに判示している．

> 「切り込み部等を設ける切餅の部位が，「上側表面部の立直側面である側周表面」であることを特定するのみならず，「載置底面又は平坦上面」ではないことをも並列的に述べるもの，すなわち，切餅の「載置底面又は平坦上面」には切り込み部等を設けず，「上側表面部の立直側面である側周表面」に切り込み部等を設けることを意味するものと解するのが相当である.」

一方，原告は，「載置底面又は平坦上面ではなく（略）側周表面に」と規定したのは，切餅の「側周表面」に切り込み部等を設ける必要があるが，「載置底面又は平坦上面」には切り込み部等を設けても設けなくてもよいことを規定したものと解釈すべきであり，本件発明は，「載置底面又は平坦上面」に切り込み部等を設けた構成の切餅を除外するものではない旨を主張した．

これに対して，第一審は，次のとおりに判示している．

> 「原告が指摘するとおり，構成要件 B の「載置底面又は平坦上面ではなく」との文言と「この小片餅体の上側表面部の立直側面である側周表面に」との文言は，句読点を挟むことなく連続したひとまとまりの記載となっている．しかし，仮に切り込み部等を設ける切餅の部位が「載置底面又は平坦上面」とは異なる「側周表面」であることを特定することのみを表現するのであれば，「載置底面又は平坦上面ではない・・・側周表面」などの表現をするのが適切であることに照らすならば，原告が主張する構成要件 B の記載形式のみから，「載置底面又は平坦上面ではなく」との文言が「側周表面」を修飾する記載にすぎないと断ずることはできないというべきである.」（下線は追記，以下同）

また，原告は，切餅は直方体であるために，単に「この小片餅体の上側表面部の立直側面である側周表面」と述べても，たとえば，表面積が比較的大きい面を側周表面として，表面積が比較的小さい面を載置底面または平坦上面とすることも考えられることから，直方体の 6 面のどの部分が側周表面であるのかを特定することができない旨の主張をした．

これに対して，第一審は，次のように判示している．

> 「(原告が主張する，表面積が比較的大きい面を側周表面として，表面積が比較的小さい面を載置底面または平坦上面とすることは不自然な状態であるとした上で,）そうである以上，構成要件 A に続く記載として，「この小片餅体の上側表面部の立直側面である側周表面に」との文言があれば，切り込み部等が設けられる部位である「側周表面」の特定としては十分であって，「載置底面又は平坦上面ではなく」との文言が必要であるということはできない．
> むしろ，構成要件 B において，「側周表面」の特定のために特に必要とされない「載置底面又は平坦上面ではなく」との文言があえて付加されていることからすれば，当該文言は，切り込み部等を設ける切餅の部位が，「上側表面部の立直側面である側周表面」であることを特定するのみならず，「載置底面又は平坦上面」ではないことをも並列的に述べるという積極的な意味のある記載であると解釈するのが合理的である.」

さらに，原告は，仮に切餅の「載置底面又は平坦上面」に切り込み部を設けた構成を除外するのであれば，「切餅の載置底面又は平坦上面には切り込み部を設けずに，切餅の側周表面に切り込み部を設ける」または「切餅の側周表面のみに切り込み部を設ける」などと記載されるべきであるのに，そのような記載にはなっていないことを主張したが，第一審ではそのように断定することはできないと判断した．

以上のように，第一審では，原告が主張した事項はいずれも構成要件Bに関する原告の解釈を根拠づけるものではない，と結論付けている．

### 6.2.4　第二審による構成要件Bの解釈

第二審では，原則に立った判断をしている．すなわち，以下のとおり，構成要件Bの解釈について，まず，その文言の通常有する意味について判断しているのである．

> 「上記特許請求の範囲の記載によれば，「載置底面又は平坦上面ではなく」との記載部分の直後に，「この小片餅体の上側表面部の立直側面である側周表面に」との記載部分が，読点が付されることなく続いているのであって，そのような構文に照らすならば，「載置底面又は平坦上面ではなく」との記載部分は，その直後の「この小片餅体の上側表面部の立直側面である」との記載部分とともに，「側周表面」を修飾しているものと理解するのが自然である.」

上記のとおり，第二審の判断は，ほぼ原告の主張を採用している．構成要件Bの「載置底面又は平坦上面ではなく（略）側周表面に」との文言は，載置底面又は平坦上面とは別の面である側周表面に，と解されるというのである．

また，次に示すとおり第二審による構成要件Bの解釈は，本件明細書の記載を参照したとしても変わらない．

> 「上記発明の詳細な説明欄の記載によれば，本件発明の作用効果として，①加熱時の突発的な膨化による噴き出しの抑制，②切り込み部位の忌避すべき焼き上がり防止（美感の維持），③均一な焼き上がり，④食べ易く，美味しい焼き上がり，が挙げられている．そして，本件発明は，切餅の立直側面である側周表面に切り込み部等を形成し，焼き上がり時に，上側が持ち上がることにより，上記①ないし④の作用効果が生ずるものと理解することができる．これに対して，発明の詳細な説明欄において，側周表面に切り込み部等

> を設け，更に，載置底面又は平坦上面に切り込み部等を形成すると，上記作用効果が生じないなどとの説明がされた部分はない．本件明細書の記載及び図面を考慮しても，構成要件Bにおける「載置底面又は平坦上面ではなく」との記載は，通常は，最も広い面を載置底面として焼き上げるのが一般的であるが，そのような態様で載置しない場合もあり得ることから，載置状態との関係を示すため，「側周表面」を，より明確にする趣旨で付加された記載と理解することができ，載置底面又は平坦上面に切り込み部等を設けることを排除する趣旨を読み取ることはできない．」

この後に，第二審では，載置底面又は平坦上面に切り込みがある場合の本件発明の作用効果の不奏功に関する被告の主張について，いずれも採用できるものではないと判断している．

以上のように，第一審と第二審とでは，構成要件Bにおける「載置底面又は平坦上面ではなく（略）側周表面に」との文言の解釈について，互いに相反する判断をしている．すなわち，第一審では，同文言について，切餅の「載置底面又は平坦上面」には切り込み部等を設けず，「上側表面部の立直側面である側周表面」に切り込み部等を設けることを意味するものと判断している．それに対して，第二審では，同文言は，載置底面又は平坦上面とは別の面である側周表面に，という意味で解され，載置底面又は平坦上面に切り込み部等があるか否かを特定するものではないと判断している．

### 6.2.5 第一審および第二審における出願経過の参酌

原告は，本件特許出願の審査の過程で，平成17年5月27日付けの拒絶理由通知書に対して，平成17年8月1日付け手続補正書により請求項1を補正した．構成要件Bに相当する部分を抽出すると，以下のとおりとなる．

> 「載置底面又は平坦上面ではなくこの小片餅体の上側表面部の側周表面のみに，周辺縁あるいは輪郭縁に沿う周方向に長さを有する一若しくは複数の切り込み部又は溝部を設け，」（下線は補正部分）

また，同日付けで提出した意見書には，上記補正内容に関連するものとして，次の記載がある．

> 「そこで，本発明は，切り込みを天火が直に当たりずらい側周表面のみに設け，しかも切り込みを水平方向に切り入れ，更に周辺縁あるいは輪部縁に沿う周方向に長さを有する切り込みとし，他の平坦上面や載置底面には形成せず・・・この切り込みの前述のような形成位置設定によって，切り込み下側に対して切り込み上側は膨れるように持ち上がり，まるで最中サンドのように焼き上がり，今日までの餅業界では全く予想もできないきれいにして均一な焼き上がりを実現できたのです.」（下線は追記）

しかし，平成17年9月21日付けで，上記補正が新規事項の追加（補正事項が出願当初の明細書等に記載されていない事項の追加）に該当する旨を理由とする拒絶理由通知書を受けた．その中で，「小片餅体の上側表面部の側周表面のみに,」との文言は当初明細書等に記載されていないというものであり，発明の詳細な説明の段落0011などに記載された事項から「のみ」であることが自明な事項であるとも認められない旨の認定をされている．

それに対して，原告は，平成17年11月25日付けで，再度，構成要件Bを以下のとおりとする手続補正書を提出した．

> 「載置底面又(ママ)平坦上面ではなくこの小片餅体の上側表面部の周辺傾斜面である側周表面に，この輪郭縁に沿う方向を周方向としてこの周方向に長さを有する若しくは周方向に配置された一若しくは複数の切り込み部又は溝部を設け」（下線は補正部分）

また，同日付けの意見書には，以下の記載がある．

> 「2. 即ち，切り込みが側周表面にのみ存するとの点については，審査官の要旨変更とのご指摘を踏まえて，元通り「のみ」を削除し，この「のみ」であるか否かは出願当初どおり請求項には特定せず，本発明の必須の構成要件でなく出願当初通り「のみ」かどうかは本発明と無関係と致しました.」

その後，本件特許出願について拒絶査定がなされたので，原告は拒絶査定不服審判を請求するとともに，手続補正書を提出した．さらに，審判の中で審尋される運びとなり，それに対して平成19年1月4日付けで回答書を提出した．その後，原告は拒絶理由通知書を受けて補正の機会を得たので，前述した本件発明のとおりに補正し，特許査定を受けた．平成19年1月4日付け回答書には以下の記載がある．

> 「なお，平成19月1月4日付け回答書（甲16）には，「(7) 本発明は，上下面にあろうが，側面にあろうが切り込みを形成することで噴き出しを抑制することを第一の目的としていますが，上下面に切り込みがあろうがなかろうが，切餅の薄肉部である立直側面の周方向に切り込みがあることで，切餅が最中やサンドウイッチのように焼板状部間に膨化した中身がサンドされた状態に焼き上がって，噴きこぼれが抑制されるだけでなく，見た目よく，均一に焼き上がり，食べ易い切り餅が簡単にできることに画期的な創作ポイントがあるのです（もちろん上下面には切り込みがない方が望ましいが，上下面にあってもこの側面にあることで前記作用効果が発揮され，これまでにない画期的な切餅となるもので，引例にはこの切餅の薄肉部である側面に切り込みを設ける発想が一切開示されていない以上，本発明とは同一発明ではありません.).」（下線は追記．以下，同）

以上の出願経過をまとめると，原告は，平成17年8月1日付け手続補正書により切餅の「載置底面又(ママ)平坦上面ではなく（略）側周表面のみに」切り込み部を設けるとする補正をして，切り込み部の位置について「他の平坦上面や載置底面には形成せず」と同日付けで意見している．しかし，これは新規事項の追加にあたり認められない補正であると認定された．そこで，原告は，平成17年11月25日付け手続補正書により，上記記載を改めて，本件発明の構成要件Bに見られるように，切餅の「載置底面又は平坦上面ではなく（略）側周表面に」切り込み部を設けるとする補正をした．併せて，同日付けの意見書により，出願当初どおり「のみ」かどうかは本発明と無関係とした旨の意見をして，平成17年8月1日付けの補正および意見の内容を撤回している．その後は，載置底面や平坦上面に切り込み部があるかどうかは，本件発明の作用効果との関係では問題ではない旨を一貫して主張している．

第一審では，上記したとおり，構成要件Bについて，切餅の「載置底面又は平坦上面」には切り込み部等を設けず，「上側表面部の立直側面である側周表面」に切り込み部等を設けることを意味すると認定している．そして，この認定が覆るものであるか否かを上記出願経過に照らして，以下のとおりに判示している．

> 「本件特許出願の審査の過程の中で，前記拒絶理由通知（甲9）（注　平成17年9月21日付け拒絶理由通知書）を発した当時の特許庁審査官が，本件発明の構成要件Bに関して原告主張の解釈に沿う内容の判断を示し，これを受けた出願人たる原告も，特許庁に提出した意見書等の中で，同趣旨の意見を述べていたということ以上の意味を有するものではないから，このような審査過程での一事情をもって，本件発明の特許請求の範囲（請求項1）の解釈を左右し得るとみることは困難というべきである.」

上記のとおり，第一審では，審査過程の一事情によっては，構成要件Bが切餅の側周表面のみに切り込み部等を設けることを意味するとの解釈に影響を与えない旨の判断をしている．このような第一審の判断は，原告が撤回した補正や意見の内容だけでなく，その前後の特許請求の範囲の記載や意見の内容までも含めて，本件発明の構成要件Bの解釈に影響を受けない旨の認定をしているのである.

それに対して，第二審では，上記のとおりに，構成要件Bの「載置底面又は平坦上面ではなく」との文言は，「側周表面」を特定するための記載であり，載置底面又は平坦上面に切り込み部等を設けることを除外する意味を有すると理解することは相当でない旨の判断をしている．そして，この判断は，以下のとおりに，出願過程を参酌しても覆るものではない旨を判示している.

> 「以上のとおりであり，本件特許に係る出願過程において，原告は，拒絶理由を解消しようとして，一度は，手続補正書を提出し，同補正に係る発明の内容に即して，切餅の上下面である載置底面又は平坦上面ではなく，切餅の側周表面のみに切り込みが設けられる発明である旨の意見を述べたが，審査官から，新規事項の追加に当たるとの判断が示されたため，再度補正書を提出して，前記の意見も撤回するに至った．したがって，本件発明の構成要件Bの文言を解釈するに当たって，出願過程において，撤回した手続補正書に記載された発明に係る「特許請求の範囲」の記載の意義に関して，原告が述べた意見内容に拘束される筋合いはない．むしろ，本件特許の出願過程全体をみれば，原告は，撤回した補正に関連した意見陳述を除いて，切餅の上下面である載置底面及び平坦上面には切り込みがあってもなくてもよい旨を主張していたのであって，そのような経緯に照らすならば，被告の上記主張

は，採用することができない.」

第二審では，原告が撤回した部分について，構成要件 B の解釈に影響を受けない旨の判断をしている．そして，その前後の特許請求の範囲の記載や意見の内容を考慮して，第二審による本件発明の構成要件 B の解釈は肯定されるものであると判断している．

### 6.2.6　第一審と第二審の相違点

前述のとおり，第一審と第二審とでは，特許請求の範囲の用語を解釈する際における出願経過の参酌の程度が異なる．第一審では，特許請求の範囲の記載および明細書等の記載事項に基づいて解釈された内容について，出願経過にその内容を肯定する部分または否定する部分があったとしても，それらは先の解釈内容に影響を与えない旨の認定をしている．もちろん，この認定はいずれの事件にも当てはまるというものではなく，本件に関しては，という前提条件が付くであろう．

それに対して，第二審では，出願経過を全体的に検討し，特許請求の範囲の記載および明細書等の記載事項に基づいて解釈された内容について，この解釈内容と対立する部分については，それはすでに撤回されたものであるから採用できない旨の判断をし，解釈内容を肯定する部分については肯定要因として捉えていると解される．しかし，この判断も，一律的になされるものではなく，個別具体的に判断されることになるであろう．

本件は，第一審と第二審とにおいて，特許請求の範囲における用語の解釈について，特許請求の範囲の記載および明細書等の記載事項に基づく判断内容が分かれていた．そのために，出願経過を参酌する事情も異なっており，一概に第一審と第二審とではその判断が共通するものなのか，相反するものなのかを論じることは難しい．しかし，少なくとも，出願経過において補正および意見した内容がそのまま認められるものではないこと，後に撤回した補正および意見の内容は特許請求の範囲における用語の解釈において重要視されなかったことは，共通する判断事項であるといえるであろう．

以上のように，第一審および第二審は，本件発明に係る構成要件 B における「載置底面又は平坦上面ではなく（略）側周表面に」との文言の解釈について，互いに相反する判断をした．すなわち，第一審では，同文言について，切餅の「載置底面又は平坦上面」には切り込み部等を設けず，「上側表面部の立直側面である側周表面」に切り込み部等を設けることを意味するものと判断した．それに対して，第二審では，同文言は，載置底面又は平坦上面とは別の面である側周表面に，という意味で解され，載置底面又は平坦上面に切り込み部等があるか否かを特定するものではないと判断している．

また，第一審と第二審とでは，特許請求の範囲の用語を解釈するに際して，出願経過の参酌の程度についても異なっている．本件特許権者（原告）は，出願審査過程において，あたかも切餅の「載置底面又は平坦上面」には切り込み部等を設けてはならないこととする旨の補正をしたところ，特許庁審査官に本補正が認められなかったことから，後に本補正を撤回した．第一審では，本補正や本補正を撤回したことについて，特許請求の範囲の記載等の解釈内容に影響を与えない旨の認定をした．それに対して，第二審では，出願経過を全体的に検討することとし，すでに撤回された部分については採用できない旨の判断をした．

結果として，第一審では「特許権の侵害性無し」という判断がなされ，第二審では「特許権の侵害性有り」という判断がなされたのである．

### 6.2.7　証拠能力

本事件では，被告が提出した証拠能力についても問題になった．

すなわち，被告が本件特許の出願前から製造販売および保管していたという被告製品が問題になったのである．この被告製品は，東京法務局所属A公証人が作成した事実実験公正証書において事実実験の対象とされた切餅である．被告製品は，切餅を個包装した上で外袋に入れたものとなっている．そして，外袋および個包装の表側には，切餅の上面がこんがりと焼け膨らんで十文字状の割れ目ができた状態の焼き餅の写真が印刷されていた．それに対して，内容物である切餅は，切餅の上面および下面に十文字の切り込みが施されているほか，側周表面の全長にわたり切り込みが施されていた．すなわち，外袋と個包装には側面に切り込みがない切餅が印刷されており，中身である切餅には側面に切り込みがあったのである．

この被告製品について，被告社員F氏は，①本件餅は原告の特許出願前にイトーヨーカ堂新潟木戸店において被告社員Gが購入したものであること，②被告では後々のクレーム対応のために製品を一定期間（「半年なり，1年，2年」）保管していること，③しかし，被告製品はクレーム対応のためでなく営業と開発部が共同するという新たな開発スタイルであったという被告の歴史という部分を踏まえて長期間保管していたこと，などを証言した．

これに対して，小売バイヤーB氏は，①平成14年（原告特許出願時周辺）にイトーヨーカ堂において販売した「こんがりうまカット」（被告製品）は上面および下面にのみ切り込みがあり側面には切り込みがなかったこと，②原告特許出願後に被告から「こんがりうまカット」の特徴である切餅の上下面に十字の切り込みを入れることに加え，側面にも切り込みを入れた「パリッとスリット」の販売を他社店舗で始めたいとの申し出を受けたこと，などを証言した．

つまり，被告社員F氏の証言と小売バイヤーB氏の証言は，相反するものとなっているのである．

このような状況から，知財高裁は，①被告社員G氏が購入したとされる餅と公正証書において事実実験の対象とされた切餅との同一性について裏付けとなる証拠は一切なく，被告における製品等の保管状況も判然としないこと，②本件餅を長期保存していたという目的自体，「被告の歴史という部分を踏まえ」などという極めて不自然なものであること，③外袋の写真および個包装の図においては側周表面の切り込みが記載されておらず，包装等に表示されている図柄と内容物が齟齬していることなどから，被告製品が本件特許の出願前にあったとは認められない旨の判断をした．

被告はさらなる反論として，①上下面に十字状の切り込みを設けることのみ決まっていたので，外袋および個包装は上下面に十字状の切り込みのみを入れる仕様で発注したこと，②側面にも切り込みを入れることについて口頭で小売バイヤーB氏の了解をもらったこと，③側面の切り込みについて工場から安全面，衛生面で問題が発生する可能性があるとの連絡を受けて，平成14年11月23日からは側面の切り込みがない「こんがりうまカット」を製造，販売するようになり，口頭で小売バイヤーB氏の了解をもらったこと，などを主張した．

これに対して，知財高裁は，①小売バイヤーB氏は口頭での了解を強く否定していること，②食品業界大手である被告が商品の図柄と商品の形状とが齟齬する点について，全く配慮を欠いたまま被告製品を市場に置いているのは不自然であること，③特徴的構成の突然の変更について，小売りバイヤーB氏との間の口頭でのやりとりのみで処理することは不自然であること，④特徴的な構成を変更した経緯を示す記録が何ら残されておらず，公表もしていないのは不自然であること，⑤特徴的な構成の短期間の変更について，他の合理的な理由および説明は何らされていないことなどを摘示した．

そして，結果として，被告社員G氏が購入したとされる餅と公正証書において事実実験の対象とされた切餅との同一性はない，もって被告製品が本件特許の出願前からあったとは認められないと判断された．

### 6.2.8　損害額の認定

原則として，特許権者は，特許権侵害における損害額について，特許法102条1～3項に基づいて主張する．

本事件では，特許権者である原告は，特許法第102条第2項または第3項に基づいて算定される損害額のうち，より高い額を賠償額として請求した．第1項を適用した損害額については請求していない．

ここで，特許法第102条の各項について簡単に説明すると，第1項は，侵害者が販売した侵害製品の数量に，特許権者が販売できたであろう特許製品の単位数量当たりの利益額を乗じた額を損害額とすることができると定めている．このように，第1項を適用する限り，原告は特許製品の単位利益率を法廷で明かすことになる．これは当然に，被告にも知られることとなり，競争相手に自社の営業秘密を明かすことになりかねない．原告側からすれば，第1項を適用することに問題がある．

それに対して，第2項は，被告が侵害製品を販売するなどして得た利益額を損害額と推定できると定めている．ただし，「推定」とあるとおり，原告が被告の利益額を立証主張したとしても，被告がその額に間違いがあると思えば，反証することは可能である．被告の利益額を調べる労力が必要となるとしても，自社の営業秘密を明かす危険性を回避することができることを考えれば，第1項よりも第2項を適用して損害額を主張する方が原告にとって有利であろう．

第3項は，特許権に係る実施料相当額を損害額とすることができると定めている．実施料相当額とは，ライセンス料と置き換えてもよい．第3項には例外規定が設けられておらず，さらに推定規定でもないことから，原告による第3項を適用させた損害額の主張について，被告が反論することは難しい．一方で，一般的に，第3項を適用した損害額は，第1項や第2項を適用した額と比べて小さくなる傾向がある．

実際に，知財高裁は，原告の請求に応じて，第2項および第3項を適用した損害額について審理し，第2項を適用した損害額は第3項の額よりも大きいとした上で，被告製品の販売による損害額を約7.3億円と判断した．これに，弁護士および弁理士の依頼費用として約7,000万円を含めて，合計約8億円が計上されている．なお，原告が主張した弁護士等の費用は，裁判所に認められた7,000万円よりはるかに高額の約8.4億円であったことは，知っておいて損はないであろう．

### 6.2.9　時機に後れた攻撃防御方法

民事訴訟法は，迅速かつ公正な手続を実現するために，攻撃防御方法（相手方の主張を覆す証拠など）については，適時提出主義を採用している．そして，当事者が故意または重大な過失により時機に後れて提出した攻撃防御方法について，これにより訴訟の完結を遅延させることとなると認められたときは，裁判所は，職権等により却下の決定をすることができる（民事訴訟法第156条，第157条1項，第301条）．

民事訴訟法の下での攻撃防御方法の提出の有無，および提出時期等を含む一切の訴訟活動は，当事者の責任とリスクの下で行われる．そこで，当事者は，攻撃防御方法を提出する以上は，迅速かつ公平に手続を進行する義務を負担するものであって，この意味での適時提出義務に反した場合には，時機に後れた攻撃防御方法として却下されるのである．とりわけ，特許権侵害訴訟のようなビジネス関連訴訟では，訴訟による迅速な紛争解決が求められることから，上記適時提出義務の遵守が強く要請されるとされている．

本事件において，被告製品が本件発明の技術的範囲に属する旨を判示した中間判決後に，被告は，新たに先使用権の抗弁，権利濫用の抗弁および公知技術（自由技術）の抗弁に係る主張・証拠を提出した．ここで問題となるのは，侵害行為が確定してから，さらなる証拠等の提出が認められるか否かということである．

これに対して，知財高裁は，被告が中間判決後にした主張・証拠の提出は時機に後れた防御方法に当たり，少なくとも重大な過失があったものと認めたのである．

その理由は大きく5つあり，①被告が新たに主張や立証等をする事項はすでに当事者間で主要な争点となっていたこと，②被告は，これまでにその争点について主張や立証等をする機会を有しており，さらに侵害論について他に主張，立証はない旨陳述していたこと，③被告は，中間判決を受けた後，最終口頭弁論期日が指定された後に，前任のS弁護士を解任したこと，④新たな弁護士によっては，被告が先にした主張等と実質的には同一の主張等をするに至ったこと，⑤被告ないし前任のS弁護士らにおいて，上記防御方法の提出に格別の障害があったとは認められないこと，である．

上記のうち，特に，理由②における，被告が侵害論について他に主張，立証はない旨陳述していたことに注意を要する．なぜなら，理由①について，被告が新たに主張や立証等する事項がこれまでになされたものと実質的に同一であるか否かは，具体的に内容を検証しなければ何ともいえない．さらに，理由③～⑤について，前任の弁護士の解任や新たな弁護士の受任については，侵害が発生しているか否かという本事件の本質とは直接関係しないことである．これらの理由に対して，理由②において被告が侵害論について他に主張，立証はない旨を陳述したことは，上記認定における重要なファクターとなり得たかもしれないからである．

さらに裁判所は，被告の新たな主張や立証等は，その事実の真偽を審理，判断するためには，さらに原告による反論および多くの証拠調べをする必要があり，これにより訴訟の完結は大幅に遅延することになると判断している．

その理由としては大きく4つあり，被告の新たな主張や立証等は，①実質的に，審理の蒸し返しにすぎないこと，②これを裏付けるものとして新たに提出されたものは，被告側内部で行われたことに関連する資料等が多数含まれ，原告において反論するのに多大の負担を強いること，③第一審における被告の従前の主張等と矛盾，齟齬する部分が数多く存在すること，④とりわけ，仮に，被告が，本件特許出願前である平成14年10月に，側面に切り込みが入った切餅を製造，販売していたことを前提とするならば，被告がその後の平成15年7月に「上面，下面，及び側面に切り込みを入れたことを特徴とする切り餅」（平成14年10月に製造販売したものと同一の構成をとるもの）に係る発明について特許出願をしたことと整合性を欠くことになるが，その点については何ら合理的な説明がされていないことを挙げている．

ここでは理由③および④に注意を向けたい．要は，被告が中間判決後にした主張や立証等した事項は，後任の弁護士が代理してなされたものであるが，これは前任の弁護士が代理してなされたものと相反する部分があり，被告自身がした行為（特許出願）とも矛盾するものであるというのである．判決文における「被告主張に係る事実の真偽」との記載を鑑みれば，被告が中間判決後に主張や立証等した事項は，裁判所にとってすれば，説得性のないものであるばかりか，信じるに足りるものではなかったことがうかがえる．

結局，第二審では，被告が中間判決後にした主張や立証等は，時機に後れた防御方法に当たり，訴訟の完結を大幅に遅延させるものであり認められない，と判断された．

なお，この第二審の判断について，被告の，当時社長であったS氏が雑誌の取材において反論を述べている[54]．この反論中で，被告が原告の特許権に係る特許出願の前に製造販売していたと主張する「上下面に十字，サイド（側面）にもスリットが入った」餅（「こんがりうまカット」）の保管製品を証拠として裁判所に提出したところ，第二審裁判所の裁判長は「2002年の餅にカビが生えずに残っているはずがない」から，保管製品は捏造だと弁護士

[54] 日経ビジネス，2012年5月7日号，p.52-56

を通じて通告してきた旨を述べている.

しかし，中間判決の判決文においては，裁判所が「2002年の餅にカビが生えずに残っているはずがない」から保管製品は捏造したものであると判断したということを示すような記載はない．すなわち，この点について，知財高裁は次のとおりに判断している.

> 「本件餅の保管目的，保管状況等一切の事情が判然としない上，本件餅の外袋の写真及び個包装の図と内容物が齟齬すること，被告が自らの主張と整合しない特許出願を行っていること，「パリッとスリット」において初めて切餅の側面に切り込みが入ったとの新聞報道がされていること，などに照らすと，平成14年10月21日に発売された本件こんがりうまカットは，上下面に切り込みが施されていたものの，側面には切り込みが施されていない商品であったと認めるのが合理的である．これに反するF（注：被告社員）証言等は，不自然な点が多く，B（注：小売担当者）証言等とも相反しており，採用することができない.」

第二審では，客観的な証言や証拠を基に，本件特許権に係る特許出願前の平成14年10月21日に発売された保管製品（「こんがりうまカット」）に上下面のみならず側面にも切り込みが施されていたと認めるに足りる証拠はないと認定したのである.

そして，被告が中間判決後にした主張や立証等は，中間判決においてなされた裁判所の判断を覆すほどのものではない，と理解できよう.

### 6.2.10 特許実務へのフィードバック

特許実務の観点から，この切餅事件に学ぶことは多い.

特許請求の範囲において，“紛らわしい表現を記載しない”ということは特許実務における大原則である．このことは，本件において克明に証明されている．すなわち，本件特許請求の範囲にある「載置底面又は平坦上面ではなく」というような，修飾語として否定的な表現を用いるべきではないであろう．本件で争われているとおり，一義的に判断できない紛らわしい表現は避けなければならない.

一般に，特許明細書の記載としては，課題や作用効果の記載に気を付けるべきであるとされている．本件特許明細書においては，従来技術と発明の課題とを「【従来の技術及び発明が解決しようとする課題】」とひとくくりにしており，従来技術とは何か，発明者が見つけた課題とは何かについて判然としていない．たとえば，本件明細書には，同項において以下の記載がある．

> 「【0007】
> 一方，米菓では餅表面に数条の切り込み（スジ溝）を入れ，膨化による噴き出しを制御しているが，同じ考えの下切餅や丸餅の表面に数条の切り込みや交差させた切り込みを入れると，この切り込みのため膨化部位が特定されると共に，切り込みが長さを有するため噴き出し力も弱くなり焼き網へ落ちて付着する程の突発噴き出しを抑制することはできるけれども，焼き上がった後その切り込み部位が人肌での傷跡のような焼き上がりとなり，実に忌避すべき状態となってしまい，生のつき立て餅をパックした切餅や丸餅への実用化はためらわれる．」（下線は追記）

上記記載にあるように，先行技術の問題点を記載することは決して悪いことではない．むしろ，特許出願に係る発明と先行技術との相違点を明らかにして，本願発明の特徴部を際立たせるためには有効である．しかし，上記記載からは，餅表面に切り込みがある餅の全てが，本件発明と対比すべき先行技術に該当するかのように思える．その結果，あたかも餅表面に切り込みがあるものは本件発明の技術的範囲に属さないとさえ見えてしまうのである．

しかし，実際には，発明の課題の記載において，餅表面に切り込みのある特定の餅を持ち出して，その餅の問題点を記載すればそれで足りよう．すなわち，表面に切り込みのある特定の餅（「特開○○－○○○○に記載の餅」など）を先行技術として，この餅よりも焼き上がった後の美観に優れている餅が本件発明であるとしてみてはどうか．先行技術よりも美観が優れていればよいのであるから，おそらく，第一審のように，本件発明には決して表面に切り込みがあってはならない，とまでは解釈されなかったのではないだろうか．

また，本事件からは，先行技術を否定するに際しても，必要のない過度の否定は避けるべきであることがわかる．本事件でいえば，「餅表面に切り込みがある特開○○－○○○○に記載の餅では，膨化による噴き出しを制御することが不十分であり，焼き上がりを均一にすることは困難である.」といえば十分であり，美観云々については触れる必要がなかったかもしれない.なぜなら，美観というものは人によって異なる主観的なものであるので，あえてそのような曖昧な判断基準を持ち出して先行技術との対比をする必要はなかったであろう.

出願経過の参酌については，参考になるともならないともいえる.第二審からは，審査過程に誤りのある意見をしたときも，それを撤回するような意見書や上申書を提出すれば，先の意見を撤回することができることが示されている.しかし，第一審のように意見の撤回が考慮されない場合もある.この点については，今後の事例の蓄積を待って判断するしかない.

本事件では，保管製品の証拠能力についても争われた.本事件を鑑みて，製品または試作品を製造した際には，その都度，当該製品，製造記録，保管状況を示す書類等について，公証役場により確定日付を得ておくべきであろう.あるいは，電子文書であれば，タイムスタンプを利用してもよい.なお，社内・社外を問わず，製品やその製造に係る取り決め事項や変更事項については，文書化して保管しておくことを推奨する.

最後に，特許戦略についても参照すべき点がある.試作品の完成後は速やかに特許出願すべきであるが，特許出願しない場合であっても特許出願書類に近い文書を用意し，特許出願しなかった理由を記載した文書とともに保管しておくべきであろう.そして，試作品を一般消費者に供する場合には，その前に特許出願をするか，作成した文書について公証役場において確定日付を得るようにすべきであろう.新規性喪失の例外を適用するのではない限り，本件のように，自ら試作品を公然実施した後で特許出願するようなことはしないように心がけたい.そうしなければ，第二審でされたように，後にされた特許出願の存在により，前に確立された証拠に疑義が生じるおそれがあるからである.

## 6.3　食品特許の代表裁判例（2）：ドリップバッグ事件

### 6.3.1　事件の概要

前節の切餅事件では，第一審と第二審とでは，結論が真逆なものとなった．これは，特許権侵害訴訟では起こり得ることである．また，第一審と第二審とにおいて，見解が一致した判例も，もちろんたくさんある．その例の1つとして，次に「ドリップバッグ事件」を取り上げる[55]．

本事件は，発明の名称を「ドリップバッグ」とする特許権を有する原告が，被告による被告製品の製造販売等が原告特許権を侵害するとして，被告に対し，原告特許権を行使した事案である．なお，原告は，被告による被告製品の製造販売等の差止めおよび被告製品の廃棄を求めたが，損害賠償については求めていない．

争点となったのは，被告製品が原告特許権に係る特許発明の技術的範囲に属するものであるか否かである．

### 6.3.2　原告特許発明および被告製品の概要

原告の特許発明および被告製品について詳細に説明する前に，それぞれの図面を見ていただきたい．そして，感覚的にでもいいので，それらの技術的範囲が互いに重複するものであるか否かを考えていただきたい．

特許第3166151号公報による，原告特許発明のコーヒードリップバッグとして使用した状態の説明図が図6-5である．

被告製品のドリップバッグは，控訴審判決の別紙被告製品目録Iの【使用状態図2】によれば，図6-6のとおりである．

### 6.3.3　原告特許発明と被告製品との相違点

さて，両者の図面を見比べて，被告製品は原告特許発明の技術的範囲に属

[55] 第一審大阪地方裁判所　平成21年6月30日判決言渡（平成20年（ワ）第8611号），第二審知的財産高等裁判所　平成22年1月25日 判決言渡（平成21年（ネ）第10052号）

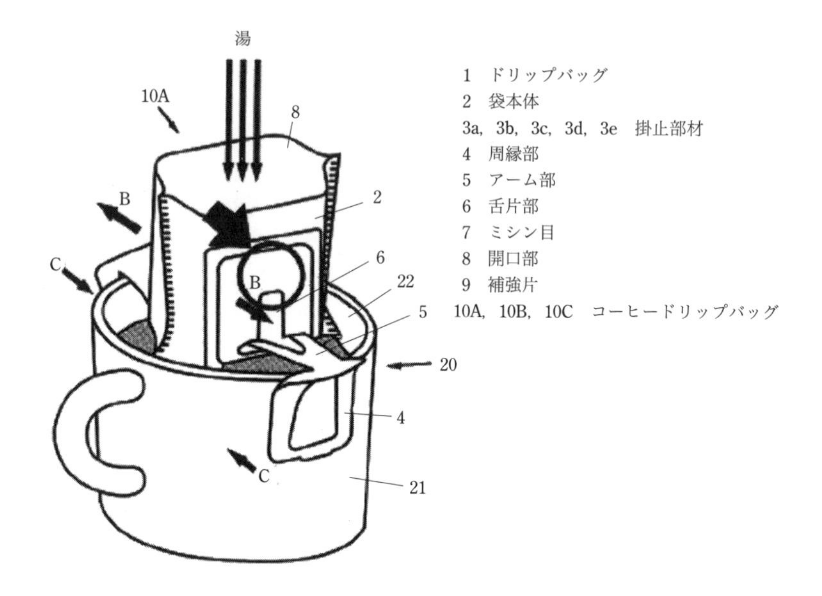


**図 6-5**　原告特許発明のコーヒードリップバッグの使用状態説明図（一部）

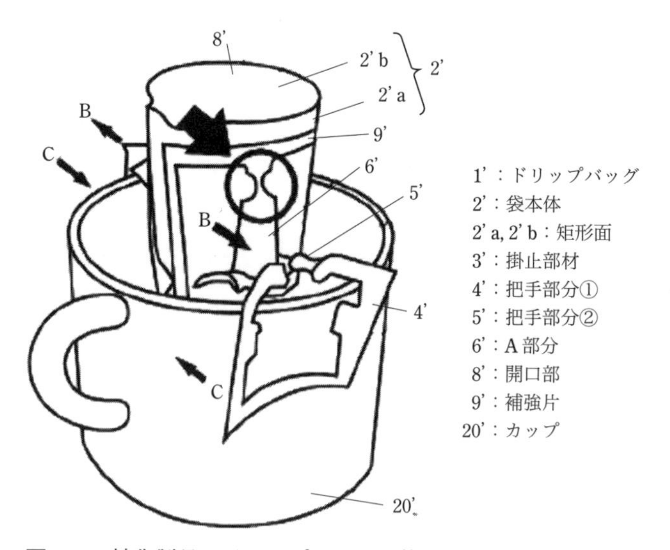


**図 6.6**　被告製品のドリップバッグの使用状態説明図（一部）

するといえるだろうか？

ドリップバッグを使った経験があれば，ドリップバッグがコーヒー豆や茶葉を入れるために上端が開口した袋本体と，袋本体をカップの口周辺に掛け止めるための一対の掛止部材とからなることは理解できよう．図 6-5 および図 6-6 からわかるとおり，原告特許発明および被告製品ともに，袋本体と一対の掛止部材とから成っていることがわかる．そして，両者とも袋本体については特徴となる点はなく，共通していることについて，当事者間で争いはない．争いの焦点は，一対の掛止部材に当てられている．

### 6.3.4 原告および被告の主張

ここで原告特許発明と被告製品とを詳しく分析してみよう．

原告特許発明は，図 6-5 を参照して分説すると，以下のとおりとなる．

A1 通水性濾過性シート材料からなり，上端部に開口部を有する袋本体 2 と，

2 薄板状材料からなり，袋本体 2 の対向する 2 面の外表面に設けられた掛止部材とからなるドリップバッグであって，

B 掛止部材が，

1 その周縁側に形成されている周縁部 4 と，

2 周縁部 4 の内側にあって，袋本体 2 から引き起こし可能に形成されているアーム部 5 と，

3 アーム部 5 の内側に形成されている舌片部 6 とからなり，

C アーム部 5 の上下いずれか一端で周縁部 4 とアーム部 5 とが連続し，

D アーム部 5 の上下の他端でアーム部 5 と舌片部 6 とが連続し，

E 周縁部 4 又は舌片部 6 のいずれか一方が，袋本体 2 の外表面に貼着されていること

F を特徴とするドリップバッグ．

それに対して，被告製品は図 6-6 を参照すると，掛止部材についていえば，補強片 9’ と，これに連続して形成された A 部分 6’（ただし，被告は補強片 9’ と A 部分 6’ とを併せて「保持部分」と称している．），把手部① 4’ およびその

内側に形成された把手部② 5' とが形成されたものであるといえる．

原告特許発明および被告製品が上記のような構成を採るところ，原告は，被告製品のA部分6' と補強片9' とをそれぞれ独立した構成部分と捉えた上で，把手部① 4' が原告特許発明の周縁部に，把手部② 5' が原告特許発明のアーム部に，A部分6' が原告特許発明の舌片部にそれぞれ相当するとして，被告製品が原告特許発明の構成要件Bを充足すると主張した．

これに対し，被告は，原告が主張するA部分6' と補強片9' とは全体として被告製品の掛止部材の1つの構成部分（保持部分）と捉えるべきであるから，被告製品は，原告特許発明の舌片部に相当するものを有さず，原告特許発明の構成要件B3（「アーム部5の内側に形成されている舌片部6とからなり」）を充足しないと主張した．

### 6.3.5　第一審裁判所の判断

第一審である大阪地方裁判所は，まず，原告特許発明の掛止部材を構成する「周縁部」「アーム部」および「舌片部」の用語の意味を以下のとおりに解釈している．

> 「イ　周縁部，アーム部及び舌片部は，いずれも通常使用される技術用語ではないので，その意義について検討する．まず，周縁部について，「周縁」とは「まわり．ふち.」を意味するものと認められるから（広辞苑第6版），周縁部とは掛止部材の「まわり」ないし「ふち」の部分，すなわち掛止部材の外周部分を構成する部材であると一応は理解できる．次に，アーム部について，「アーム」とは「①腕，②機械などの腕状の部分」等を意味する外来語（広辞苑第6版）であり，「腕」の形状及び機能を果たす部材であると一応は理解できる．そして，舌片部について，「舌片」とは，その字義から「舌のかけら」を意味するものと解され，「舌のかけら」様の形状をした部材であると解される.」（下線は追記，以下同）

また，原告特許明細書の記載および図面を参酌して，これら3つの部材の意義について検討している．ここでは，舌片部について検討した結果について引用する．

> 「(ウ）舌片部
> 前示のとおり，舌片部とは，その形状が「舌状のかけら」様のものである

> と解されるところ，袋本体の外表面に貼着されている場合とそうでない場合（周縁部が袋本体の外表面に貼着されている場合）とがあるが，前者の場合には，引き起こされるアーム部の支持部として機能し，後者の場合には，アーム部とともに引き起こされてカップ側面にかけられ，カップ側壁を舌片部とアーム部とで挟み，かつ，カップ側壁の外面を舌片部で押えつけるように機能するものと解される（【0014】，その実施態様として【0024】【0025】【0033】～【0036】）．
> そうすると，本件特許発明にいう舌片部とは，掛止部材として，アーム部の内側に形成された舌状のかけら部材であり，アーム部の上下の他端と連続するものであって，袋本体の外表面に貼着され得るもの（周縁部が袋本体に貼着されないときに袋本体に貼着され，上記のような機能を果たすもの），と解される．」

上記のとおり，第一審裁判所は，原告特許発明の掛止部材の舌片部について，字義から形状を特定し，原告特許明細書等から構造および機能を特定している．そして，このように原告特許発明の掛止部材の各部について検討した上で，さらに被告製品のA部分6’が原告特許発明の舌片部に当たるか否かについて，以下のとおりに検討を進めている．

> 「しかし他方，被告製品のA部分6’と補強片9’は物理的に連続しているので，被告の主張するように，これを一体の部材としての保持部分とみれば，被告製品には本件特許発明にいう舌片部は存在しないことになり，被告製品は本件特許発明の構成要件Bを充足しないことになる（被告製品の把手部①4’が本件特許発明の周縁部に，把手部②5’が本件特許発明のアーム部に該当することは，上記のとおりである．）．
> そこで以下，被告製品のA部分6’が，補強片9’とは独立した部材として，本件特許発明の舌片部に当たるか否かについて検討する．」

被告製品において，A部分6’と補強片9’とが物理的に連続していることは明らかであり（図6-6の○印部分），このことは第一審裁判所も認めるところである．このような構造を認めた上で，被告製品のA部分6’が補強片9’とは独立した部材といえるか，そして原告特許発明の舌片部に当たるかという点について第一審裁判所は検討しようとした．

まず，原告特許明細書において，被告製品の構成が開示されているか否かについて次のように認定している.

> 「キ　本件明細書には補強片に関し，次の記載がある.
> (中略)
> ク　上記キの記載によれば，本件明細書に記載の補強片とは，周縁部の外周部に位置し，開口形状を良好に維持し，袋本体の表裏の矩形面が撓んで開口部が閉ざされることを防止する独立の部材であると解され，これと舌片部とを連続させ，一体として形成した部材とすることについては，本件明細書及び図面に記載も示唆もないから，本件明細書には，舌片部と補強片を一体の構造体とすることについての技術的思想は存しないものというべきである.」

上記のとおり，第一審裁判所は，原告特許明細書において，被告製品のような補強片と舌片部とを一体として形成した独立の部材について記載も示唆もないと認定している.

また，下記のとおり，被告製品において，補強片9’とA部分6’とは一体の部材（保持部分）として特定の機能を有していること，そのことに加えてこれらの構造および形状を総合的に勘案すれば，被告製品には原告特許発明の舌片部に相当する部分はない，と認定している.

> 「他方，被告製品においては，補強片9’とA部分6’が一体の部材として形成されており，かつ，同部材は一体として，把手部②5’とともに袋本体8’を対向する2面からそれぞれ外向けに互いに反対方向に引っ張って，袋本体2’の開口部8’の開口形状を良好に維持し，袋本体2’の表裏の矩形面2’a，2’bが撓んで開口部8’が閉ざされるのを防止する機能を有する一体の構造体（被告のいう保持部分）であると認められ，A部分6’を補強片9’から構造上分断し，本件特許発明の舌片部ということはできないというべきである.
> そして，前示のとおり，舌片部とは，掛止部材として，アーム部の内側に形成された舌状のかけら部材であり，アーム部の上下の他端と連続するものであって，袋本体の外表面に貼着され得るものであるところ，A部分6’と補強片9’（保持部分）は，本件特許発明のアーム部に相当する把手部②5’の内側に形成されたものとはいえず，かつ，その形状も「舌状のかけら」状であるともいえないことが明らかであるから，被告製品には本件特許発明の舌片部に相当する部分はないというべきである.」

さらに，繰り返し被告製品における補強片 9’ と A 部分 6’ とからなる保持部分は，単に一体的な構造をしているのではなく，一体的な構造をしていることにより袋本体の開口部の開口形状を良好に維持し，袋本体の開口部が閉ざされるのを防止する機能を有し得るのであるから，補強片 9’ と A 部分 6’ とを機能的に切り離すことはできない旨の認定をしている．

そして，結論として，被告製品は，原告特許発明の構成要件 B（掛止部材）を充足しないから，原告特許発明の技術的範囲に属するとは認められず，被告製品の製造等が原告特許権を侵害するものとはいえないと認定している．

### 6.3.6　第二審裁判所の判断

原告は，第一審裁判所の判断を不服として，原告は控訴した．

しかし，第二審である知的財産高等裁判所は，第一審判決の記載理由により，被告製品は原告特許発明の技術的範囲に属さないと結論付けている．すなわち，第二審裁判所もまた，被告製品は，原告特許発明の構成要件 B（掛止部材）を充足しないと認定したのである．

この点について，第二審裁判所では以下のとおりに判断している．

> 「本件特許発明の構成要件 B（原判決記載のとおり）にいう「舌片部」の意味については，上記（イ）のとおり，周縁部と連続しその内側に形成されるアーム部の，さらにその内側に形成されるものであり，アーム部が周縁部と連続する端のもう一方のアーム部の端と連続しており，袋本体にも貼着し得るとともに，周縁部を袋本体に貼着した場合にはアーム部と共に引き起こしてカップ側壁にかけることが可能な部材で，「舌のかけら」様の形状を有する部材をいうものである．
> これを被告製品 1 についてみると，被告製品 1 の掛止部材の構成は原判決別紙被告製品目録の図面記載のとおりである（当事者間に争いがない）．これによれば，被告製品 1 の A 部分 6’ と補強片 9’ とは一体として形成されており，仮に周縁部に比すべき把手部① 4’ を袋本体に貼着した場合には，引き起こしてカップ側壁にかけることが可能な部材とはなっていない．加えて，被告製品 1 の A 部分 6’ は袋本体の上端部方向に伸びる形で補強片 9’ と一体となっており，本件特許発明のアーム部に比すべき把手部② 5’ の内側に形成されているともいえない．さらに，被告製品 1 の A 部分 6’ の形状

> は，アーム部に比すべき把手部② 5’ と連続する部分から上部に向けて徐々に幅が狭くなり補強片 9’ と連続する部分付近ではかなり細く尖った形状となっていることから，これが舌のかけら様のものであるということもできない．
> そうすると，被告製品1は本件特許発明における「舌片部」を備えるものとはいえず，本件特許発明の構成要件B（BⅢ）を充足しないといえるほか，構成要件D，同Eに記載された「舌片部」に関してもその要件を充足しないことになる．」

第二審裁判所は，上記のとおり，構造および形状から，被告製品は原告特許発明における「舌片部」を備えていないと認定している．さらに，第一審裁判所と同じように，機能面から，被告製品における補強片 9’ とA部分 6’ とを切り離すことができないとして，次のように判断している．

> 「また，被告製品1のA部分 6’ と補強片 9’ との機能についてみると，被告製品1のA部分 6’ と補強片 9’ とは連続していることから，把手部① 4’ を把手部② 5’ と共に引き起こして把手部① 4’ をカップ側壁にかけた場合，対向する2面の掛止部材のA部分 6’ と補強片 9’ とは外向きの反対方向に引っ張られることから，共に袋本体の矩形面 2’ a，2’ b が撓むのを防止して袋本体 2’ の開口部 8’ の開口形状を良好に維持するとの同一の機能を果たすことが明らかである．そうすると，A部分 6’ と補強片 9’ とを機能的に切り離して捉えることはできない．」

また，控訴人（第一審での原告）は，原告特許発明では被告製品のように舌片部と補強片とを連続させることを排除していないし，舌片部の上端と補強片をわざわざ切り離す必要もないと主張した．これに対して，第二審裁判所は，そのことについて原告特許明細書には何ら示唆されていないので，このような主張は採用することができないと判断している．

さらに控訴人は，舌片部につきその形状は不問にすべきであると主張した．それに対して第二審裁判所は，以下のとおり，「舌片部」との字義を考えれば，「舌片部」とは舌のかけら様の形状のものと解することに誤りはないと判断している．

> 「しかし，本件特許発明〔請求項1〕の特許請求の範囲には明確に「舌片部」と記載され，本件明細書中に特段これを定義する記載もないものであるから，その形状は当然その通常の用語の意味により解すべきである．そして，「片」については広辞苑（新村出編，2008年1月11日第6版第1刷発行，2541頁）に「①ひときれ．きれはし．…」と記載されており，舌片部につき舌のかけら様の形状と解することに誤りはない．控訴人の上記主張は採用することができない．」

一方で，控訴人は，財団法人日本化学繊維検査協会大阪分析センターが原告特許出願後に作成した「試験報告書」（甲13の1～5）を基に，被告製品におけるA部分6’と補強片9’とを分離してもこれを一体とした場合と機能的に異なるものではないから，被告製品のA部分6’は原告特許発明でいう舌片部に該当すると主張した．また，控訴人は，弁理士A作成の「調査報告書」（甲14）を基に，原告特許発明はパイオニア発明（革新的な発明を意味するものと思われる.）であり，被告製品はかかるパイオニア発明である原告特許発明を利用するものにすぎず，特許権侵害と評価すべきであると主張した．

これらの控訴人の主張は，原告特許発明や被告製品が有する本来の構造や機能とは少し離れて，第三者が作成した客観的ともいえる証拠を基にした発明の効果や社会的影響についての主張であるといえよう．このような主張に対して，裁判所がどのように判断するのかは興味深い．

まず，試験報告書に基づく控訴人の主張に対しては，第二審裁判所は以下のとおり，被告製品に対する試験結果は採用の限りではない旨の認定をしている．

> 「甲13の1～5を基にした控訴人の上記主張は，被告製品1（甲13の1）と，被告製品1のA部分6’と補強片9’とを切り離し分離した物（甲13の2）とで，開口状態が全くといってよいほど同じでほとんど変化がない，被告製品1の補強片9’を除去した物（甲13の3），被告製品1のA部分6’を除去したもの（甲13の4），被告製品1の補強片9’及びA部分6’を除去したもの（甲13の5）とを比較すると，補強片9’はあるがA部分6’が除去されても袋本体が開口していることから，被告製品1においては把手部②5’

> の下端が袋本体に貼着していることにより開口が生じ，補強片9’には袋本体を反対方向に大きく引っ張る機能はない，とするものである．
> しかし，甲13の1〜5の実験は，いずれも上部面積がそれほどドリップバッグの開口部の面積と異ならない特定のカップを用いて注湯前の袋本体の開口部の長さ・幅・面積を測定したものであるところ，ドリップバッグの開口部の長さ・面積等は，用いるカップの大きさや，開口する際の力の入れ具合等によってもその状況には差異が生じうることが明らかである上，実際の使用に際しては袋本体に熱湯が注がれるものであるから，開口状況はこれにより大きく変化するものと容易に推認される．そうすると，甲13の1〜5の実験結果から，必ずしも，被告製品1においてA部分6’と補強片9’を切り離しても機能に差がなく，補強片9’に袋本体を引っ張る機能がないということはできないから，控訴人の上記主張は採用することができない．」

この点について，控訴人が持ち出した試験報告書の結果は，被告製品について恣意的にネガティブに評価したものであると見られて，客観性に欠けると判断されたのかもしれない．これとは違って，たとえば，原告特許発明の実施品を被告製品と同じ態様とした場合に，袋本体の開口の維持性について変化が見られるのか，もし見られない場合には裁判所はどのように判断するのか，これらの点については興味のあるところである．

次に，弁理士A作成の「調査報告書」に基づく控訴人の主張について，裁判所は以下のとおりに，原告特許発明の特許性について一定の評価を与えるものの，被告製品との関係においてはそのことは影響するものではない旨の判断をしている．

> 「甲14は，本件特許出願前の出願に係る関連特許，実用新案581件を調査したところ，本件特許発明における袋本体の対向する2面を外向き反対方向に引っ張りつつカップに掛止させるタイプの物は皆無である等とするものである．本件特許発明が，その特許請求の範囲記載のとおりの構成を有するものとして新規性・進歩性が認められて特許査定がされ，優れた発明であることは控訴人主張のとおりであるが，被告製品1との関係で均等侵害が成立しないことについては上記（ア）（イ）で検討したとおりであり，控訴人の上記主張は採用することができない．」

他の事件でも散見されるが，その余の主張との整合性に欠けた専門家による鑑定的な意見は，裁判所の判断にあまり影響を与えないのかもしれない．専門家の意見を持ち出すのであれば，本筋となる主張を裏付けるものとして利用すべきであろう．

このほかにも控訴人は，均等侵害や被告の他の製品についての特許権侵害性について主張しているが，いずれも裁判所において採用されていない．

### 6.3.7　特許実務へのフィードバック

原告特許発明における「舌片部」などの用語は，発明を明確にするという意味では正しく用いられているといえる．しかし，発明の本質を考慮すれば，果たして「舌片部」と特定する必要があったのか（たとえば，単に「部分A」とするなど），被告製品の掛止部材を包含するような記載を明細書中に設けられなかったのか，といった疑問が生じる．

特に，原告特許発明が解決しようとする課題は，「本来のペーパードリップ方式でいれるコーヒーの美味しさを得ることができ，簡略な構成を有し，かつカップへのセットが極めて容易で，カップへのセット後の形状も安定しており，コーヒー抽出後の廃棄も容易かつ安全な新たなドリップバッグを提供すること」（原告特許明細書の段落0009を参照）であり，非常に漠然としている．特に，課題との関係では，発明における従来技術に対する特徴的な構造部分についてはなんら明細書中に触れられていない．したがって，特許明細書を作成する時点において，原告特許発明に対する公知技術を適切に特定し，その公知技術に対して斬新な部分がどこにあるのかを明確にした上で，発明を特定すべきであったのかもしれない．

このように本事件は，特許明細書を作成する上での注意点を喚起するものであり，特許実務において大いに参考になる事例であるといえよう．

## 巻末付録1　用語・説明

- 「自然人」…人間，ヒト，個人．法人と区別して生物としての人を指すときに用いる語（広辞苑　第五版，岩波書店）．
- 「(発明) が奏する効果」…発明によって達成される結果の事象．
- 「参酌」…比べて参考にすること（広辞苑　第五版，岩波書店）．
- 「引用発明」…本願発明と対比されるべき発明．刊行物に記載されている発明などがある．本願発明と最も近い引用発明が主引用発明であり，主引用発明と組み合わせて本願発明の進歩性を否定する引用発明が副引用発明である．
- 「TRIPS 協定」…正式名称は Agreement on Trade-Related Aspects of Intellectual Property Rights（知的所有権の貿易関連の側面に関する協定）．知的財産権全般（著作権及び関連する権利，商標，地理的表示，意匠，特許，集積回路配置，非開示情報）の保護をする協定．WTO（世界貿易機関）協定の一部となったことで，WTO の紛争解決手続を用いることができる．
- 「特許協力条約（PCT)」…正式名称は Patent Cooperation Treaty．PCT に基づく国際出願とは，ひとつの出願願書を条約に従って提出することによって，PCT 加盟国であるすべての国に同時に出願したことと同じ効果を与える出願制度である．すなわち，PCT 国際出願では，国際的に統一された出願書類を PCT 加盟国である自国の特許庁に対して 1 通だけ提出すれば，すべての PCT 加盟国に対して「国内出願」を出願したことと同じ扱いを得ることができる．PCT 国際出願に与えられた出願日（国際出願日）は，すべての PCT 加盟国における「国内出願」の出願日となる．すべての PCT 国際出願は，その発明に関する先行技術があるか否かを調査する「国際調査」の対象となる．この国際調査の結果は「国際調査報告」として出願人に提供される．その際には，その発明が新規性，進歩性など特許取得に必要な要件を備えているか否かについて特許審査官の見解（国際調査機関による見解書）も示されるので，自分の発明を評価するための有効な材料として利用することができる．さらに，出願人の希望により，特許取得のための要件について予備的な審査（国際予備審査）を受けることもできる．ただし，PCT 国際出願は，優先日（基礎となる出願の出願日）

から所定の期間内に，各国の国内手続に係属させるための「国内移行」手続をしなければならない．したがって，「国際出願」はあっても「国際特許」は存在しない．

## 巻末付録2　特許出願から特許登録までの流れ

特許出願から1年6カ月以内に特許出願の内容は公開特許公報により公開される．特許出願を審査に付すためには，特許出願人は特許出願から3年以内に出願審査請求をしなければならない．出願審査請求後，特許庁審査官は，1年程度で特許出願について審査をして，特許出願や特許出願に係る発明に拒絶理由が見つかった場合に拒絶理由通知書を送付する．それに対して，特許出願人は意見書や手続補正書を提出することにより，特許出願や発

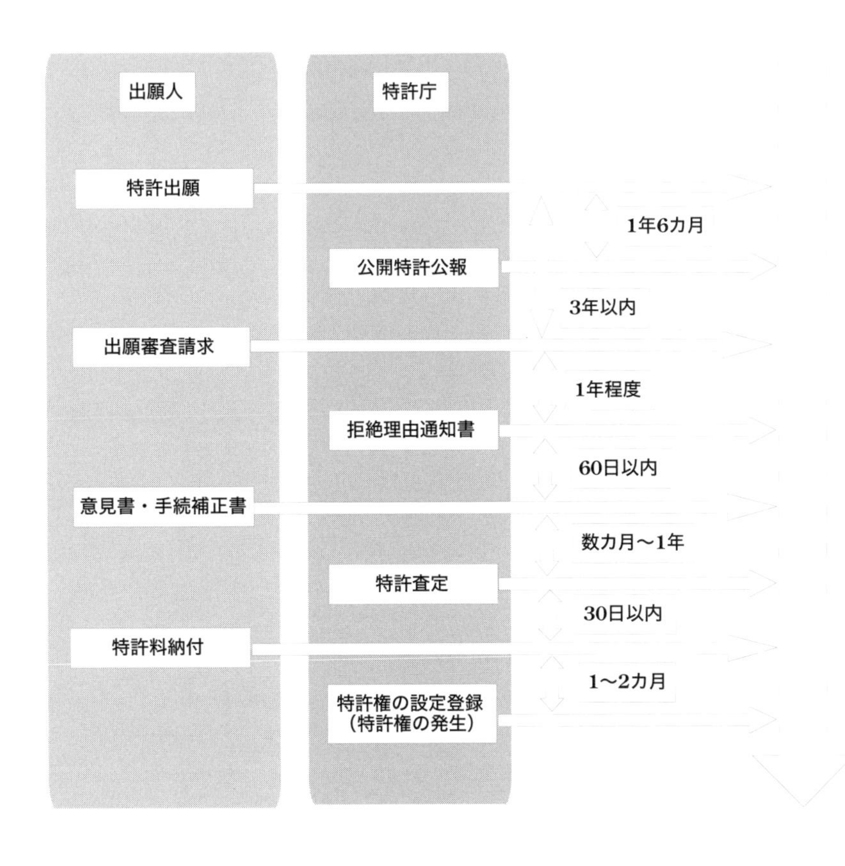

明に拒絶理由がないことを主張する．主張が認められて，さらなる拒絶理由が発見できない場合は，特許庁審査官は特許査定をする．特許出願人が特許料を納付することにより，特許権の設定登録を受けて特許権が発生することになる．

## ■著者略歴

**森本 敏明**（もりもと としあき）

1975年生まれ．2000年東京理科大学大学院基礎工学研究科修了．同年，山之内製薬株式会社（現 アステラス製薬株式会社）に入社．バイオ医薬の工業化研究，製剤の化学分析などに従事する．2006年弁理士登録．同年特許事務所に入所．2010年モリモト特許商標事務所を開業．2012年株式会社モリモト・アンド・アソシエーツを設立．現在は，主に食品，医薬・医療，化粧品，材料，環境などの化学・バイオ発明の特許権利化，特許調査，係争業務に従事する．専門分野は知的財産権，有機・無機化学，化学工学，分析化学，バイオテクノロジーなど．計量士（環境濃度，一般），公害防止管理者（水質一種・大気一種），技術士（生物工学）などの資格も有する．

食品会社の

**特許戦略マニュアル**

2018年 3月20日　初版第1刷　発行

著　者　森本敏明
発行者　夏野雅博

発行所　株式会社　幸書房

〒101-0051　東京都千代田区神田神保町2-7
TEL　03-3512-0165　FAX　03-3512-0166
URL　http://www.saiwaishobo.co.jp

装　幀：クリエイティブ・コンセプト（江森恵子）
組　版　デジプロ
印　刷　シナノ



ISBN 978-4-7821-0421-7　C3058